Kjartan Poskitt · Mathe – voll logisch!

W0193789

Kjartan Poskitt

MATHE –
VOLL LOGISCH!

Übersetzt aus dem Englischen
von Anne Emmert

Illustrationen von Trevor Dunton

Loewe

Meinen Eltern Peter und Alison Poskitt für die großartige Ausbildung, die sie mir ermöglichten. Ich hoffe, dieses Buch wird sie nicht allzu sehr schockieren.

Die Deutsche Bibliothek – CIP-Einheitsaufnahme

Mathe – voll logisch! / Kjartan Poskitt.
Aus dem Engl. übers. von Anne Emmert
Ill. von Trevor Dunton.
– 1. Aufl.– Bindlach : Loewe, 1998
(Wahnsinnswissen)
Einheitssacht.: Murderous maths <dt.>
ISBN 3-7855-3304-7

ISBN 3-7855-3304-7 – 1. Auflage 1998
Copyright Text © Kjartan Poskitt 1997
Copyright Illustrationen © Trevor Dunton 1997
Die Originalausgabe ist in Großbritannien bei Scholastic Publications Ltd
unter dem Titel *The Knowledge/Murderous Maths* erschienen
Aus dem Englischen übersetzt von Anne Emmert
© für die deutsche Ausgabe 1998 Loewe Verlag GmbH, Bindlach
Umschlagillustration: Trevor Dunton
Umschlaggestaltung: Pro Design, Klaus Kögler
Gesamtherstellung: Wiener Verlag, Himberg
Printed in Austria

INHALT

MÖRDER-MATHE – DU MACHST WOHL WITZE!

Was? Mathe ist mörderisch?

Glaub mir, Junge. Sieh dir mal diese Polizeiakte an ...

Stadt: Chicago, Illinois, USA
Ort: Luigis Restaurant, Upper Main Street
Datum: 1. April 1927
Uhrzeit: 1:30 Uhr

Benni lehnte an der Jukebox; er wartete darauf, dass er den Fußboden wischen konnte. Alle Tische waren seit Stunden leer – alle bis auf einen. Die da saßen, waren keine Leute, die man drängen sollte – es sei denn, man wollte den Raum in einer langen Holzkiste verlassen. Benni sah dem Rauch nach, der zum Ventilator aufstieg. Er wartete.

„Meine Herren, einen Toast", rief Rasierklingen-Boccelli und hob sein Glas. „Von diesem Abend an ist der Krieg zwischen der East Side und der West Side beendet. Lasst uns auf den Frieden zwischen unseren Familien trinken."

Benni beobachtete erstaunt, wie die Boccellis und die Gabriannis feierlich miteinander anstießen und sich die Hände schüttelten.

„Luigi!", schnarrte Ein-Finger-Jimmy. „Beweg dich! Wir müssen nach Hause!"

Benni sah, wie sein schwitzender Chef zum Tisch hastete und verlegen die Rechnung vorlegte.

„23 Dollar und 35 Cents", las Wiesel.

7

„Ich nehme an, wir machen halbe-halbe, äh?", sagte Jimmy.

„Da nimmst du falsch an", schnauzte ihn Wiesel an. „Ihr Jungs hattet alle Krabbensalat, und der kostet zehn Cents mehr als die Fettucini."

„Ach ja? Dein Cousin da hat aber die Hälfte von meinem Knoblauchbrot gegessen!", knurrte Jimmy.

„Die Hälfte?", spottete Grinsen-Gabrianni. „Ein kleines Stückchen hab ich gegessen. Außerdem hast du's mir angeboten, du verlogene Kröte."

„Du nennst mich wie?" Blitzschnell hatte Jimmy seine Pistole gezogen. „Wie wär's mit etwas Blei?"

„Hört auf, Jungs", bat Rasierklinge. „Wir sind doch Freunde! Wir kriegen das schon hin. Wer kann rechnen?"

„Ich weiß jedenfalls, dass wir nicht halbe-halbe machen", sagte Wiesel. „Wir zahlen weniger."

„Aber ihr seid vier und wir nur drei", schnarrte Jimmy.

„Für einen Kerl mit nur einem Finger zählst du ganz gut", sagte Kettensägen-Charlie. „Aber dein Bruder ist so fett, dass er glatt für zwei durchgeht."

„Das ist zu viel!", rief Jimmy, sprang auf und stieß den Tisch um. „Er mag es nicht, wenn man ihn fett nennt, nicht wahr, Dickbacke?"

„Genau", grunzte Dickbacke und griff nach einem langen, scharfen Messer.

„Nicht so schnell", sagte Wiesel und zog ein Maschinengewehr unter dem Hut hervor.

Benni und Luigi hechteten hinter den Tresen. Von dort hörten sie Schüsse und Schreie; Verletzte gingen zu Boden.

„Mensch, das darf doch nicht wahr sein!", flüsterte Luigi. „Wenn sie nur ein bisschen Mathe gekonnt hätten!"

„Ja, jetzt werden sie alle sterben", erwiderte Benni.

„Na und?", sagte Luigi. „Ich will nur wissen, wer die Rechnung bezahlt!"

Tja ... ob es um die Restaurantrechnung geht, ob du eine Rakete auf den Mond schießen oder deinen Freunden nur ein paar Tricks zeigen willst: Ganz unlogisch sollte das für dich alles nicht sein!!

Manches in der Mathematik sieht grauenhaft aus, zum Beispiel das:

$$\varsigma\,(x^3+y^3)^{1/2}/\omega r=0{,}27993$$

Aber damit müssen sich nur matheverrückte Experten herumschlagen. Kümmere dich nicht darum!

Meistens brauchst du für die tollsten Matheaufgaben nur ganz einfache Zahlen; in manchen kommen gar keine Zahlen und auch keine Buchstaben vor! Wie findest du zum Beispiel das:

Beim Matheexperiment baden gehen

- Füll die Badewanne bis zum Rand mit Wasser.
- Setze dich vorsichtig hinein.
- Leg dich ganz langsam hin, sodass du beinahe schwimmst.
- Und? Genau – das Wasser, das eben auf den Boden geschwappt ist, wiegt genauso viel wie du!

Wenn du Ärger bekommst, sag einfach, du probierst das Archimedische Prinzip aus – Archimedes war einer der größten Mathematiker aller Zeiten!

Das erste Kapitel beginnt mit ein paar einfachen Sachen – so einfach, dass du sie mit verbundenen Augen auf dem Kopf stehend rückwärts erledigen und dir dabei die Fußnägel schneiden könntest. Aber sei trotzdem vorsichtig, denn selbst die einfachste Mathematik kann mörderisch sein. Im ersten Kapitel wirst du erfahren, wie die gesamte Menschheit ausradiert werden könnte!

Unmöglich, sagst du? Dann lies mal weiter ...

So geht's los – Die Grundlagen

Zeichen und Symbole

Du weißt natürlich, was die verschiedenen Zahlen bedeuten. 1 steht für *eins*, 2 für *zwei* und so weiter – klar wie Kloßbrühe.

Alle 8tung, 2fellos richtig!

Neben den Zahlen gibt es verschiedene Zeichen, mit denen du zeigst, was du mit den Zahlen anstellen willst.

= Ist Gleich

Das brauchst du, wenn zwei Zahlen gleich sind, zum Beispiel 3 = 3. (Toll, wenn jede Aufgabe so einfach wäre!)

+ Plus

Damit zählst du zwei Zahlen zusammen („addieren").

Wenn du 10 Mark in der einen Hosentasche hast und 25 in der anderen, was hast du dann?

Die Hose von jemand anderem

Uralter Witz

Beim „+" musst du darauf achten, dass du gleiche Dinge zusammenzählst. Sieh dir mal das hier an:

$$2 \text{ Äpfel} + 3 \text{ Äpfel} = 5 \text{ Äpfel}$$

(Manche Leute rechnen das mit dem Taschenrechner nach. Wenn du so jemanden kennst, *renn davon*, denn er oder sie hat einen Knall!)

Nun sieh dir diese Aufgabe an:

17 Mädchen + 9 Jungen = 26 ... ja, was?

26 Mädchen? Nein, es sei denn, deinen Jungs macht es nichts aus, auch als Mädchen bezeichnet zu werden. 26 Jungen? Nein, außer, deine Mädels sind auch gern Jungen – aber vergiss nicht, es sind 17 Mädchen, und die können ganz schön stark sein.

Es sind also 26 Mädchen *und* Jungen, oder auch 26 Kinder. Nur weil du sie zusammengezählt hast, heißt das noch nicht, dass irgendetwas anderes aus ihnen geworden ist.

– Minus

Mit diesem Zeichen ziehst du etwas von etwas anderem ab („subtrahieren").

Wieder musst du darauf achten, dass du mit gleichen Dingen rechnest. Das hier geht in Ordnung:

7 Hunde – 4 Hunde = 3 Hunde

(Nimm dich wieder in Acht vor jemandem, der das mit dem Taschenrechner nachrechnen will. Solche Leute finden es auch spannend, Daumen zu lutschen.)

Aber wie steht's damit:

7 Würstchen – 2 Pommes = ?

Siehst du? Das ist absoluter Quatsch und macht keinen Sinn.

✕ Mal

Beim Malnehmen („Multiplizieren") addiert man etwas immer und immer wieder. 5×3 heißt: Du addierst dreimal fünf oder fünfmal drei.

$$\text{Also: } 5 \times 3 = 5 + 5 + 5 = 3 + 3 + 3 + 3 + 3 = 15$$

÷ (Geteilt) Durch

Teilen („Dividieren") ist das Gegenteil von Malnehmen. Man zerlegt dabei eine Zahl in gleich große Teile.

$$15 \div 3 = 5$$

Diese Gleichung sagt dir, dass du 15 in drei Teile zerlegt hast, von denen jeder Teil 5 ist. Man kann auch fragen: „Wie oft ist die 3 in 15?", und das Ergebnis lautet wieder 5.

Etwas ist komisch an den Gleichungen mit dem Geteilt-Zeichen: Du kannst die Zahl, durch die geteilt wird (Divisor) und das Ergebnis (Quotient) austauschen und liegst noch immer richtig.

Hier tauschst du die 3 mit der 5 und erhältst:

$$15 \div 5 = 3$$

Es funktioniert sogar bei hohen Zahlen wie diesen:

$$12\,341 \div 43 = 287 \text{ stimmt genauso wie:}$$
$$12\,341 \div 287 = 43$$

% Prozent

Das heißt einfach „von 100". Wenn in deiner Schule 50 % der Kinder Mädchen sind, dann heißt das, von 100 Kindern sind 50 Mädchen.

In den Schaufenstern hängen häufig Plakate wie „20 % billiger". Das heißt „$^{20}/_{100}$ billiger" und bedeutet, dass etwas $^1/_5$ weniger kostet als gewöhnlich. Wenn du einen Laden siehst, der seine Preise mit „50 % teurer" anpreist, gehst du natürlich nicht hinein!

Also, wir hatten: =, +, −, ×, ÷ und %. Niedlich, nützlich und ziemlich unkompliziert, aber hier kommt ein heikles Zeichen …

Hochzahl (Potenz)

Häufig musst du eine Zahl mehrmals mit sich selbst multiplizieren.

Zum Beispiel $13 \times 13 \times 13 \times 13 \times 13$!

Weil 13 hier *fünfmal* mit sich selbst multipliziert wird, sagt man „13 hoch fünf" oder auch „die fünfte Potenz von 13". (Achtung: Das ist *nicht* dasselbe wie 13×5, also einfach 13 mal 5.)

Es gibt auch eine Abkürzung für solche Zahlenreihen. Du schreibst einfach eine kleine hochgestellte Zahl. $13 \times 13 \times 13 \times 13 \times 13$ heißt also: 13^5 (13 hoch 5).

Achtung!
Hohe Zahlen im
Anmarsch!

Das Tolle an den Potenzen ist, dass unglaublich riesige Zahlen dabei herauskommen. Vergleich doch mal:

13 mal 5 = 13 × 5 = 65

13 hoch 5 = 13^5 = 371 293!!

Der Albtraum aller Wissenschaftler

Solche Zahlen können ganz schön erschrecken, besonders wenn es um so was wie *Bakterien* geht! Bakterien sehen aus wie Miniaturmaden von einem anderen Stern und können praktisch überall leben. (In deinem Körper krabbeln wahrscheinlich auch gerade ein paar Millionen freundliche Bakterien herum!) Es gibt tausende verschiedene Arten, von denen die meisten harmlos sind. Wenn man sich aber zu viele gefährliche Bakterien einfängt, kann das tödlich sein! Die Wissenschaftler versuchen ständig, neue Medikamente zu entwickeln, um die gefährlichen Bakterien zu bekämpfen, doch sie haben zwei *große* Probleme …

- Selbst wenn ein Wirkstoff Milliarden von Bakterien besiegt, kann es sein, dass ein oder zwei der Bakterien etwas anders als die anderen sind („mutiert"). Die sind dann gegen das Medikament unempfindlich und überleben.
- Ein oder zwei der mutierten Bakterien können nichts anrichten. Doch unglücklicherweise vermehren sie sich ziemlich schnell!

So vermehrst du dich richtig
(falls du eine Bakterie bist)

1. Wachse in der Länge und spalte dich in zwei Hälften.

2. Beide Hälften wachsen und halbieren sich erneut.

3. Wiederhole das alle 10 Minuten (oder schneller).

Wenn du mit einer einsamen kleinen Bakterie beginnst:

- hast du nach 10 Minuten 2

- nach 20 Minuten 2×2 (oder 2^2)

- nach 30 Minuten $2 \times 2 \times 2$ (oder 2^3)
- nach 60 Minuten $2 \times 2 \times 2 \times 2 \times 2 \times 2$ (oder 2^6)
- nach 24 Stunden 2^{144} Bakterien.

Wie viele Bakterien hast du also nach nur *einem* Tag?

Wenn du 2 hoch 144 ausrechnest, dann kommst du auf
22 300 000 000 000 000 000 000 000 000 000 000 000 000 000 000!
Wahnsinn!

Du kannst diese Zahl auch so ausdrücken: $2,23 \times 10^{43}$. Im Kapitel über große Zahlen erfährst du auch, warum.

Ehrlich gesagt wachsen nur die ganz schnellen Bakterien innerhalb von 10 Minuten so sehr, dass sie sich aufspalten. Die meisten brauchen etwa eine halbe Stunde. Trotzdem hättest du nach einem Tag 2^{48} Bakterien, das entspricht

281 000 000 000 000. In zwei Tagen hättest du 281 000 000 000 000^2 Bakterien, also rund 79 200 000 000 000 000 000 000 000 000.

Wenn es sich um eine tödliche Bakterie handelte …
- und sie könnte sich ungehindert vermehren,
- und sie würde sich ausbreiten,
- und nichts könnte sie zerstören,

… *dann* wäre das genug, um alle Menschen auf der Erde zu töten.

Kein Wunder, dass das für Wissenschaftler ein Albtraum ist!

Ist es nicht verblüffend, wie schnell Zahlen wachsen, wenn man sie einfach immer weiter verdoppelt? Achte auf Oberst Kürzel, der dir in diesem Buch noch begegnen wird. Der kriegt beim Zahlenverdoppeln einen schrecklichen Schock!

PROFESSOR BOSHAFTS PESTPILZ

„Oh nein, nicht noch mehr Todesgefahren!", wirst du sagen und gähnen. Und doch, da geht es schon wieder los …

Du bist Professor Boshaft im Badezimmer in die Falle gegangen. Auf dem Boden ist ein fleckförmiger, tödlicher Pilz, der drauf und dran ist, seine Sporen im ganzen Raum zu verbreiten. Deine einzige Rettung liegt darin, den Pilz abzudecken – nicht das kleinste Fleckchen darf offen bleiben.

Zum Abdecken hast du nur ein paar quadratische gleich große Platten. (Der Rand braucht nicht exakt zu stimmen; du musst den Pilz nur vollständig abdecken.) Zum Glück ist das ganz einfach …

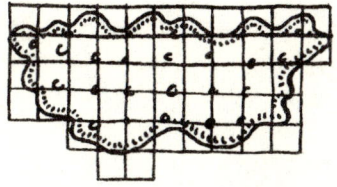

… doch unglücklicherweise findet Professor Boshaft, dass es mit den quadratischen Platten *zu* einfach ist! Er nimmt sie dir weg und bietet dir folgende Formen an:

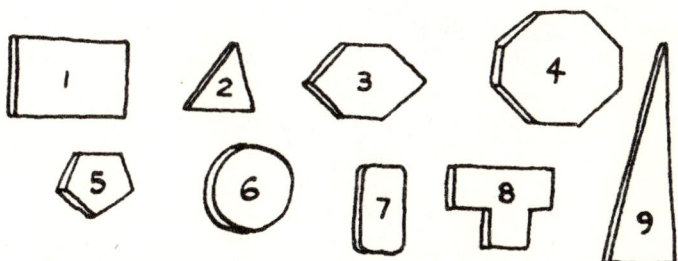

Du darfst nur eine dieser Formen auswählen, und der Professor gibt dir die passenden Platten. Sind die Formen alle gleich gut geeignet, um den Pilz abzudecken? Glaubst du, dass es mit einigen Formen gar nicht geht?

Ein Tipp: Die runden Platten sind nutzlos, weil dazwischen jede Menge Lücken entstehen, etwa so …

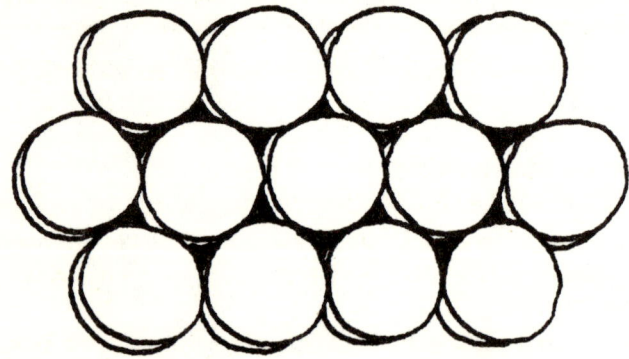

Du kannst es selbst nachprüfen. Versuche zum Beispiel, mit Pfennigstücken ein Blatt Papier so abzudecken, dass kein Papier mehr sichtbar ist. (Alle Münzen müssen flach auf dem Papier liegen; du darfst keine Münzen übereinander legen.)

Mit welchen Formen des Professors geht es also und mit welchen nicht? Denk dran, die Ränder müssen nicht exakt stimmen, doch es dürfen keine Lücken entstehen.

Am besten schneidest du jede Menge der jeweils gleichen Form aus Papier aus und versuchst, sie zusammenzusetzen. So weißt du bald, welche Formen dich vor dem Pestpilz retten können!

Du kannst dir auch selber Formen ausdenken und zuschneiden. Du wirst sehen, dass sich jede Form mit drei oder vier geraden Seiten eignet. Wenn du clever bist, versuchst du, Formen mit fünf oder mehr Seiten zu finden, mit denen es auch geht.

> **Antwort:** Mit den Formen 1, 2, 3, 8 und 9 ist der Pilz vollständig zugedeckt; die anderen lassen Zwischenräume frei – die Sporen mogeln sich durch und erwischen dich!

Die sagenhafte Mär
von den wackeren Vektorkriegern

„Um Himmels willen!", rief Oberst Kürzel, als er seinen Kopf durch die Tür zum Wachraum steckte. „Was ist denn hier los?"

„Nun – nun ja, Oberst", stotterte der Feldwebel, „Wir haben alle unsere Kleider verloren."

Der Oberst sah ungläubig in die Runde der zwölf wackeren Vektorkrieger, die zitternd vor ihm saßen.

„Was soll das heißen, ihr habt eure Kleider verloren?", japste er. „Ich kann sie doch von hier aus sehen: Sie liegen da in der Ecke auf einem Haufen. Ihr solltet mal eure Augen untersuchen lassen."

„Nein, Oberst, wir haben Karten gespielt und sie verloren", murmelte der Feldwebel und versuchte, sich mit einer Sieben und einem Kreuzbuben zu bedecken.

„Und wer hat sie gewonnen?", wollte der Oberst wissen.

„Guten Tag", sagte ein kleiner Mann, der hinter dem Haufen zum Vorschein kam. „Thag, der Mathemagier, zu Ihren Diensten."

„Geben Sie meinen Männern sofort die Kleider zurück", forderte der Oberst.

„Das ist nicht möglich", sagte Thag. „Ich habe sie auf ehrliche Weise gewonnen. Und diese Herren sind wahre Ehrenmänner und denken nicht im Traum daran, zurückzunehmen, was ihnen nicht gehört."

Die wackeren Vektorkrieger nickten gewichtig. Sie wussten, dass wackere Vektorkrieger unbedingt Ehrenmänner sein mussten – auch wenn sich einige von ihnen nicht sicher waren, ob ein zitternder nackter Ehrenmann das Wahre war.

„Nun, Herr Thag, der Mathemagier, dann wollen wir mal sehen, ob *Sie* auch ein Ehrenmann sind", sagte der Oberst und teilte die Karten aus. „Ich werde Ihnen jetzt eine Lektion erteilen."

Etwa zehn Minuten später…

„Kann ich nicht wenigstens meine Hose behalten?", flehte der Oberst. „Irgendwo muss ich doch meine Orden anheften."

Thag grinste. „Sie müssen die Kleider zurückkaufen", sagte er.

„Wie viel?", fragte der Oberst.

„Sie müssen jede Uniform einzeln bezahlen", sagte Thag.

„Wie viel?", fragte der Oberst wieder.

„Die erste Uniform kostet eine Mark. Die zweite kostet zwei Mark. Die dritte kostet drei Mark. Die vierte kostet vier Mark und so weiter."

„Aber wir haben 13 Uniformen, meine eingerechnet!", keuchte der Oberst. „Die letzte wird 13 Mark kosten!"

„Wenn Sie meinen, das sei zu viel, habe ich einen anderen Vorschlag. Die erste Uniform kostet einen Pfennig", sagte Thag.

„Das klingt schon besser", meinte der Oberst.

„Doch der Preis wird sich jedes Mal verdoppeln, sodass die zweite Uniform zwei Pfennig kostet, die dritte vier, die nächste acht und so weiter."

„Lachhaft!", sagte der Oberst. „Ich nehme die Pfennige. Geben Sie mir meine Uniform zurück."

„Ich bekomme für die erste einen Pfennig", sagte Thag.

„Selbstverständlich", erwiderte der Oberst, griff in die Hosentasche und fand nur einen Knopf. „Äh … kann ich später bezahlen?"

„Na gut", sagte Thag, „aber vergessen Sie nicht, dass bei 13 Uniformen 13 Raten fällig werden."

„Sie haben mein Wort", sagte der Oberst. „Außerdem geht es ja nur um ein paar Pfennige."

Bald waren alle Soldaten wieder angezogen.

„Also!" Der Oberst wandte sich Thag zu. „Was bin ich Ihnen schuldig?"

„Keine Eile", sagte Thag, „wer weiß, vielleicht kann ich ja noch ein paar Kleinigkeiten für Sie erledigen."

ZISCH! In diesem Moment schoss ein Pfeil durch das Fenster in den Wachraum und bohrte sich vor Oberst Kürzels Nase in den Tisch.

„Um Himmels willen!", keuchte der Oberst „Das war knapp."

„Ja, wirklich", pflichtete ihm der Feldwebel bei, „fast wäre der Milchkrug umgefallen."

„Ich werde mich über diesen Postboten beschweren", sagte der Oberst und wickelte eine kleine Pergamentrolle vom Pfeil.

„Was steht denn drauf?", fragte der Feldwebel.

„Bitte lies Primzahlen Elefant Hilfe dir ich mag kalte Würstchen", murmelte der Oberst.

„Was?", fragten alle Vektorkrieger wie aus einem Mund.

„Das ergibt absolut keinen Sinn", sagte der Oberst.

„Abgesehen von der Sache mit den kalten Würstchen", meinte der Feldwebel. „Die mag ich auch."

Bitte lies Primzahlen Elefant Hilfe dir ich mag kalte Würstchen bin nicht gefangen liebe diese Vorhänge in Grün Burg warte nicht ab Rechenstein Hallo Mami beobachte das Vögelchen unterschrieben versiegelt Prinzessin Tolle Hose hoch den Pulli Laplace Krümel

P.S. Eier rautenförmiges Bingo Fenster

„Seht", sagte der Oberst, „hier steht Prinzessin."

„Prinzessin tolle Hose hoch den Pulli Laplace?", rief der Feldwebel. „Wer ist das?"

„Vielleicht ist es Prinzessin Laplace" sagte der Oberst, „und sie benutzt eine Geheimsprache."

„Eine Geheimsprache, Donnerwetter!", ächzte der Feldwebel.

„Ja", murmelte der Oberst, „und so, wie ich die Prinzessin kenne, ist es bestimmt einer dieser verflixt kniffligen Zahlentricks."

„Oh, Oberst, ist sie nicht clever?" Der Feldwebel grinste dümmlich. „Niemand wird ihre Nachricht je entschlüsseln können."

„Uns eingerechnet", erwiderte der Oberst. „Ausgezeichnet. Wie sollen wir nur herausfinden, was sie will?"

Aus der Ecke kam ein dezentes Räuspern.

„Ich könnte es für Sie entschlüsseln", grinste der Mathemagier.

„Wirklich?", fragte der Oberst.

„Doch das kostet eine weitere Rate."

Fortsetzung folgt …

DIE BESTE ERFINDUNG ALLER ZEITEN

Was hältst du von Zahlen?

Zahlen sind so großartig, dass alle denken, dass sie selbstverständlich sind. Dabei sind Zahlen die schlauste und stärkste *Erfindung* aller Zeiten.

Du findest vielleicht, dass das Fernsehen eine viel bessere Erfindung ist und ein Düsenjäger stärker. Doch ohne die Zahlen, mit denen alles berechnet wird, wären beide wohl nie erfunden worden.

Bitte ausrechnen
oder: Zum Glück sind wir keine Römer!

Heutzutage ist es für uns normal, Zahlen zu lesen und zu schreiben, denn wir haben das sogenannte „Dezimalsystem".

Nach unserem System kannst du eine Gleichung so aufschreiben:

$$28$$
$$107$$
$$\underline{+654}$$
$$\underline{=789}$$

Findest du das kompliziert? Dann sieh dir mal an, wie die alten Römer das Gleiche geschrieben hätten:

$$XXVIII$$
$$CVII$$
$$\underline{+DCLIV}$$
$$\underline{= DCCLXXXIX}$$

Grauenvoll, oder? Das Problem war, dass man damals unser Zahlensystem noch nicht hatte. Die allerersten Zahlensysteme funktionierten so …

28

Die Leute fanden es irgendwann lästig, so endlos viele kleine Striche zu malen. Darum entwickelten sie einfachere Methoden.

Die Römer verwendeten Striche für die niedrigen Zahlen, doch für die höheren nahmen sie Buchstaben als Abkürzung:

- Statt fünf kleiner Striche für „5" schrieben sie den Buchstaben „V". Wenn nötig, fügten sie weitere Striche hinzu, für „7" schrieben sie zum Beispiel „VII".

- Für die Zahl „10" schrieben sie den Buchstaben „X". Wieder fügten sie, wenn nötig, weitere Zeichen hinzu: „13" entsprach „XIII" und „15" „XV".
  Das System sah schließlich so aus:

I=1 V=5 X=10 L=50 C=100 D=500 M=1000

Durch Kombination dieser Zeichen konnten die Römer jede Zahl ausdrücken; 537 z. B. war DXXXVII. So weit, so gut! *Aber …*

Sie zählten die Zeichen nicht immer zusammen! Für die Zahl 9 hätten sie zum Beispiel VIIII schreiben können (also 5 + 4), doch IX war einfacher. Da das I vor dem X stand, bedeutete das, dass man 1 von 10 *abziehen* musste und so auf 9 kam. Kompliziert, oder? Bei den hohen Zahlen machten sie es genauso. XC entsprach LXXXX, also 90. XCII bedeutete 92 und XCIV 94.

(Mal ehrlich: Findest du nicht so langsam, dass unser System ziemlich pfiffig ist?)

Mach den Mathetest: Kannst du die römischen Zahlen unseren zuordnen? Vorsicht: Zwei Zahlen passen nicht zusammen. Findest du sie, bevor dein Gehirn explodiert?

**DXXXIX XVII LMV
DIX MMXXII CDIV
XLI MCMXCVII**

955   539   404   2022   17   41   1997   1202

Antwort: DIX und 1202 passen nicht zusammen.

Übrigens gibt es eine Zahl, die die Römer nicht schreiben konnten. Weißt du, welche?

Antwort: Die Römer hatten kein Zeichen für die Null!

Vielleicht findest du das römische System gar nicht so schlecht, um Zahlen zu notieren. Aber kannst du dir vorstellen, Rechenaufgaben damit zu lösen?
Eine römische Aufgabe:

(MMCDLXIV ÷ XVI) + (XXIX × XVII) = DCXXXXVII

Uah!

WIE UNSER „DEZIMALSYSTEM" FUNKTIONIERT UND DIE ERFINDUNG DES NICHTS

Wenn wir eine Zahl schreiben, die kleiner als zehn ist, brauchen wir nur eine einzelne Ziffer, etwa 3 oder 8.

Für eine Zahl, die größer als zehn ist, brauchen wir mehr als eine Ziffer. „Fünfundsechzig" schreiben wir so: 65. Und die Zahl „vierhundertzweiundachtzig" heißt 482. Wir können sogar riesige Zahlen ziemlich einfach darstellen, etwa 98 746 227 021. (Mach das mal in römischen Zahlzeichen!)

Unser System funktioniert, weil wir mit nur zehn Ziffern alle Zahlen darstellen können. Es kommt bloß auf die Reihenfolge der Ziffern an:

Nimm die Zahl 531. Wir wissen, dass die 1 den Wert 1×1, also 1, hat, die 3 den Wert 3×10, also 30, und die 5 den Wert $5 \times 10 \times 10$, also 500. Jede Stelle ist *zehnmal* mehr wert als die Stelle zu ihrer Rechten.

Stell dir vor, du setzt die gleichen Ziffern anders zusammen; du erhältst eine vollkommen andere Zahl. Wenn du zum Beispiel 135 aus ihnen machen würdest, hätte die 5 den Wert 5, die 3 wieder den Wert 3×10, also 30 (sie steht an der gleichen Stelle wie zuvor), und die 1 hätte den Wert 1 × 10 × 10, also 100!

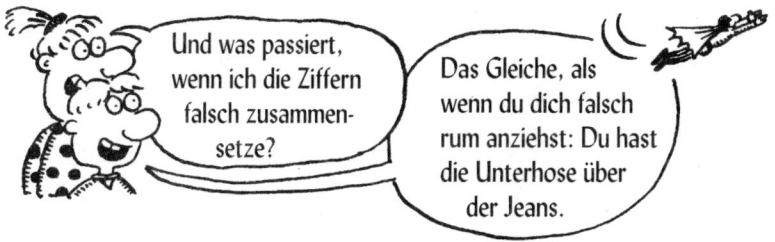

Und was passiert, wenn ich die Ziffern falsch zusammensetze?

Das Gleiche, als wenn du dich falsch rum anziehst: Du hast die Unterhose über der Jeans.

Eine Zahlenmaschine

Früher hatten die Menschen viele verschiedene Methoden zu rechnen. Sie stapelten Steine oder machten Knoten in ein Seil. Das Schlauste aber war der Abakus, den im Fernen Osten noch heute viele Leute verwenden.

Ein Abakus besteht aus Stabreihen, an denen Perlen oder Steine befestigt sind. Bei einer Form des Abakus sind die Stäbe einmal unterteilt, wobei ein Steinchen oben ist und vier unten. Zwischen den Steinchen ist Platz zum Hinundherschieben. Hier ist ein kleiner Abakus …

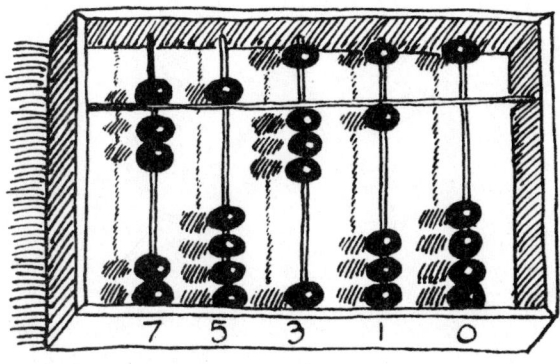

Die Stellung der Steinchen auf den einzelnen Stäben drückt eine Zahl aus.

Wenn das einzelne Steinchen ganz nach oben geschoben ist und die Vierergruppe ganz nach unten, zeigt das die Zahl 0 an.

- Wenn *eines* der unteren Steinchen zur Mitte geschoben wird, steht das für die Zahl 1.
- Wenn drei der unteren Steinchen zur Mitte geschoben werden, zeigt das die Zahl 3 an.
- Wenn das obere Steinchen zur Mitte geschoben wird, zählt es als 5.
- Wenn das obere und einige der unteren Steinchen auf demselben Stab zur Mitte geschoben werden – na, das kannst du selbst ausknobeln.

Das Tolle und Faszinierende am Abakus ist, dass du die Zahlen ohne Aufschreiben und Ausradieren schnell ändern kannst. Daher ist der Abakus fürs Zusammenzählen und Abziehen überaus nützlich … und geübte Leute können damit sogar schneller malnehmen und teilen als mit dem Taschenrechner!

Du kannst vom Abakus die Zahlen ablesen wie bei geschriebenen Ziffern. Der Abakus auf Seite 33 zeigt die Zahl 75 310 an. Wie bei geschriebenen Zahlen ist beim Abakus der Wert jedes Stabes zehnmal höher als der des Stabes zu seiner Rechten.

Ist dir aufgefallen, dass offenbar alles von der Zahl *zehn* abhängt? Ist es da nicht seltsam, dass wir die Zahlen bis neun mit verschiedenen Zeichen ausdrücken, für die zehn aber kein eigenes Zeichen haben, sondern „1" und „0" schreiben? Wir finden das heute ganz normal, doch einer der größten Fortschritte der Welt war ...

Die Erfindung des Nichts!

Nachdem die Ziffern 1–9 erfunden worden waren, dauerte es noch Jahrhunderte, bis die Menschen erkannten, dass sie ein Zeichen für die Null brauchten. So lange sie nur den Abakus verwendeten, ging es auch ohne dieses Zeichen. Auf dem Abakus machte man es einfach so: Man ließ alle Steinchen ganz außen, um Null auszudrücken. Doch wenn man die Zahl 2 014 *aufschreiben* wollte, schrieb man 2 14. Man ließ in der Hunderterspalte einfach eine Lücke ... wenn man daran dachte und es nicht aus Versehen vergaß! Kannst du dir vorstellen, wie verwirrend das sein konnte? Die verhängnisvollsten Verwechslungen waren die Folge ...

Obwohl die gute alte Null nichts wert ist, ist sie viel wert! Oder kannst du ohne Nullen hohe Zahlen schreiben? Hast du eine Idee? Wie würde das aussehen? Wäre das für dich etwa voll logo? Ehrlich gesagt, ich glaube immer mehr, so eine Null, wie alle immer sagen, ist die Null wirklich nicht.

Blödsinn aus dem Taschenrechner

... und wie man Urgum den Axtmann glücklich macht

Taschenrechner sind heutzutage überall. Du findest sie in Uhren und Kulis. Wer weiß, vielleicht gibt's sogar bald welche mit Erdbeergeschmack. Die kannst du dann mit der Zunge bedienen. Leider nur sind *wir* durch all das ziemlich unnütz geworden. Frag doch mal jemanden: „Du hast sechs Taschenrechner, und jemand nimmt dir zwei davon weg. Wie viele bleiben dir?" Die Antwort ist wahrscheinlich: „Oh, weiß nicht, wo ist mein Taschenrechner?"

Trotzdem, ein Taschenrechner kann nicht alles, und manchmal macht er sogar totalen Blödsinn.

Die Torte, der Trottel und der Taschenrechner

Stell dir Folgendes vor: Du hast Geburtstag und möchtest deine Torte mit sechs Freunden teilen.

Du willst nun herausfinden, wie viel Kuchen jeder bekommt. Dafür brauchst du etwas *Mathe*, denn du teilst einen Kuchen durch *sieben* Personen (vergiss dich selbst nicht!). Bestimmt ist mindestens einer deiner Freunde ein totaler Trottel und zieht einen Taschenrechner hervor: Er gibt $1 \div 7$ ein. Dann verkündet er, dass jeder 0,142857143 Kuchen kriegt. Kannst du dir vorstellen, ein Stück Torte zu schneiden, das 0,142857143 groß ist? Sicher nicht.

Jetzt tust du zwei Dinge: Als Erstes sperrst du den Trottel in den Wandschrank und passt auf, dass er drinnen bleibt. Dann musst du einen klaren Kopf bewahren und erkennen, dass du die Torte jetzt durch *sechs* teilen kannst. So bekommst du ein größeres Stück. Und frag jetzt bloß nicht deinen Taschenrechner, was 1 geteilt durch 6 ist – denn er gibt dir 0,1666666 zur Antwort –, und das bringt dir wieder herzlich wenig!

Viel geschickter lässt sich das Problem lösen, wenn dir klar wird, dass jeder der sechs Leute, die sich einen Kuchen teilen, ein *Sechstel* des Kuchens bekommt. (Willst du ein Sechstel als Zahl ausdrücken, schreibst du einfach ¹⁄₆). Wenn du wissen möchtest, wie ein Sechstel aussieht, musst du die Torte nur noch in sechs gleich große Stücke schneiden und, siehe da, jedes ist ein Sechstel des Kuchens! Das ist wie Magie, denn ganz ohne kompliziertes Rechnen hast du für jedes Stück die Torte automatisch mit 0,1666666 multipliziert. Mensch, bist du clever!

Und das ist das Dumme am Taschenrechner: Er taugt meist nichts, um Brüche anzuzeigen.

Brüche

Brüche sind keine hübschen *ganzen* Zahlen. Ganze Zahlen sind 1 oder 2 oder vielleicht 57 oder sogar 193 679 032. Wenn du nach der Zahl der Kinder in deiner Schule fragst, kriegst du immer eine ganze Zahl wie 421 als Antwort, weil es keine halben Kinder gibt. Manche sind vielleicht im Halbschlaf, aber das ist etwas anderes.

Zu Brüchen kommst du, wenn ein Wert ein bisschen höher ist als eine ganze Zahl, aber doch ein bisschen niedriger als die nächste ganze Zahl. Siebeneinhalb zum Beispiel ist größer als sieben, aber nicht ganz so groß wie acht.

Ein vernünftiger Mensch notiert einhalb so: ½. Doch Taschenrechner können das in der Regel nicht, weil sie nicht in der Lage sind, Zahlen übereinander zu schreiben und einen Strich dazwischen zu setzen. Der Taschenrechner teilt die 1 durch die 2 und zeigt das Ergebnis an, also 0,5. Das ist ja noch nett und einfach und bedeutet genau dasselbe. Doch es gibt Brüche, die auch der größte und teuerste Taschenrechner nicht genau ausrechnen kann. Ja …

Sogar die teuersten Taschenrechner sind manchmal Schrott

Nimm an, du teilst die Torte noch einmal durch sechs. Wie viele Stellen kann dein Taschenrechner auf einmal anzeigen?

Manche zeigen nur acht Stellen an und teilen dir mit: $1/6 = 0,1666666$.

Ein exklusiver Taschenrechner mit einer breiteren Anzeige zeigt dir vielleicht zwölf Stellen an und meldet: $1/6 = 0,16666666666$.

Welches Ergebnis stimmt nun? Tja, genau gesagt ist *keines* ganz richtig. Wenn dein Taschenrechner eine sehr breite

Anzeige hätte und 20 Stellen zeigen könnte, würde er behaupten, $^1/_6 =$

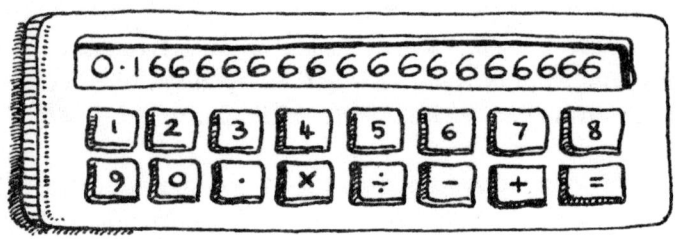

… und hätte noch immer nicht ganz Recht!

Nur zu deiner Information: Es gibt zwei Gründe, warum du dir keinen Taschenrechner mit einer Anzeige für eine Million Stellen kaufen solltest.

1 Er würde nicht in deine Hosentasche passen (es sei denn, du trägst sehr seltsame Hosen).

2 Er wäre noch immer nicht absolut genau!

Das Problem liegt darin, dass immer ein winziges bisschen übrig bleibt, wenn du 1,0 durch 6 teilst (und das tut der Taschenrechner). Du musst daher das winzige bisschen wieder durch 6 teilen und behältst einen noch winzigeren Rest und so weiter.

Periodische Dezimalzahlen ohne Ende!

Manche Brüche zaubern dir auf den Taschenrechner ein wunderhübsches Muster. Befrei den Trottel aus dem Wandschrank, leih dir seinen Taschenrechner und gib mal dieses hier ein:

$1 \div 3$ $1 \div 9$ $1 \div 11$

Besonders interessant ist $1 \div 7$. Wenn du einen sehr großen Taschenrechner hättest, sähe das Ergebnis etwa so aus:

0,142857142857142857142857142857 …

Seltsam, dass die Ziffern 142857 sich immer wiederholen, oder?

Deshalb ist es manchmal einfacher, Brüche im Kopf auszurechnen, statt sich mit dem Taschenrechner herumzuschlagen.

Es gibt noch *einen letzten* Grund, warum Taschenrechner für Brüche nichts taugen. Wenn du einen Taschenrechner durch zwei teilst, funktioniert er nicht mehr!

Wie recycelt man einen toten Taschenrechner?

1 Wickle ihn in Silberpapier und verschenke ihn als Tafel Schokolade.

2 Höhl ihn aus und benutze ihn als sehr dünnes Eiswürfelgefäß.

3 Heft ihn dir an die Brust und gib dich als Android aus.

4 Kleb eine Antenne dran und erzähl allen, du hättest ein Handy.

5 Vermiete das Batteriefach an Ameisen.

Du solltest fiese Zahlen wie 0,16666 oder 1,142857143 vermeiden, weil du nur so einen klaren Kopf behältst. Und einen klaren Kopf brauchst du für die folgende Geschichte, denn jetzt kommt...

Urgum der Axtmann!

Urgum hat drei Söhne, Roy, Rod und Ron, und wie ihr Vater, der schreckliche Urgum, sind sie alle unbarmherzig und skrupellos.

Urgum hat elf Äxte, die er seinen geliebten Söhnen schenken will. Er hat Roy, dem ältesten, versprochen, dass er die Hälfte davon bekommt, Rod, der mittlere, kann ein Viertel davon haben und Ron, das Nesthäkchen, ein Sechstel. Wie würdest du ihnen beim Teilen helfen, wenn du müsstest? ... Denk dran, diese Jungs werden alles andere als glücklich sein, wenn du es vermasselst!

(Der Trottel, der im Schrank eingesperrt war, würde wahrscheinlich seinen Taschenrechner zücken und zunächst ausrechnen, wie viel ein Sechstel von 11 ist. Er würde dann Ron mitteilen, dass er auf die Axt genau 1,8333 Äxte bekommt. Ron würde sich fragen, was er mit dem nicht ganzen Stück Axt machen soll, und dann beschließen, es am Trottel auszuprobieren.)

Die Antwort ist ziemlich knifflig, aber für den Fall, dass du jemals in die Situation kommst: So geht's ...

Zuerst musst du deinen Kumpel Urgum bitten, ob er dir eine weitere Axt leiht. Urgum wird honigsüß lächeln und sagen: „Sicher, aber bringe sie auch bestimmt zurück, sonst ... hahaha!"

Lege sie zu den anderen Äxten, sodass du insgesamt zwölf Äxte hast.

Davon bekommt Roy jetzt die Hälfte. Das heißt, dass du die zwölf Äxte mal einhalb nehmen musst; das sieht so aus: 12 × ½. Das ist das Gleiche, als wenn du 12 durch 2 teilst; das Ergebnis ist 6. Roy kriegt also sechs Äxte und wird hoffentlich damit zufrieden sein, ... doch bevor Roy sie mitnimmt, knobelst du die anderen aus.

Rod erhält ein Viertel der Äxte. Du teilst also 12 durch 4 und stellst fest, dass Rod drei Äxte bekommt.

Ron bekommt ein Sechstel der Äxte; du teilst also 12 durch 6 und kommst auf zwei Äxte für Ron. Das klingt irgendwie besser als 1,8333, oder?

„Also gut, Jungs, bedient euch", sagst du.
Roy nimmt sechs, Rod nimmt drei und Ron nimmt zwei.

Na so was, eine Axt bleibt übrig! Fix gibst du sie Urgum zurück und machst dich, so schnell du kannst, aus dem Staub.

Kapiert, was passiert ist? Wenn du die Anteile der drei Jungs zusammenzählst, erhältst du $\frac{1}{2} + \frac{1}{4} + \frac{1}{6}$ – dafür kann man auch $\frac{6}{12} + \frac{3}{12} + \frac{2}{12}$ schreiben und das macht $\frac{11}{12}$. Du brauchst also nur 11 von 12 Äxten. Durch die zusätzliche Axt, die du dir ausgeliehen hast, wird das Rechnen einfacher. Und weil du nur elf Äxte verteilen musst, hast du eine übrig, die du zurückgeben kannst.

ÜBER KURZ ODER LANG ...

Weißt du, was lang bedeutet? Ist es was anderes als kurz? Ob du's glaubst oder nicht, die Antwort lautet *Nein*. Denk mal über diesen alten Witz nach...

Ein Mann geht zum Arzt; der Arzt sagt:

Sie haben leider nur noch fünf Minuten zu leben.

Können Sie nichts für mich tun?

Na ja, ich könnte Ihnen ein Ei kochen.

Du lachst? Gut, lach fünf Minuten weiter. Na los, fünf Minuten lachen ... fünf Minuten ist eine lange Zeit, nicht wahr?
Oder doch nicht?
Der Mann in dem Witz fand ganz und gar nicht, dass fünf Minuten lang sind. Tatsache ist also: Der gleiche Zeitraum kann als kurz oder als lang empfunden werden, je nachdem, was gerade geschieht.
Vielleicht denkst du, *eine Sekunde* ist eine kurze Zeit, doch in einer Sekunde breitet sich das Licht 299 000 Kilometer weit aus. Wenn du so wahnsinnig wärst, eine glühend heiße Münze eine Sekunde lang in der Hand zu halten, würde dir das wie eine Ewigkeit vorkommen.

Wenn du meinst, hundert Jahre seien eine lange Zeit, dann suche dir einen sprechenden Stein und frage ihn, wie alt er ist. Und wenn es dir gelingt, innerhalb von hundert Jahren einen sprechenden Stein zu finden, hast du das in sehr kurzer Zeit geschafft.

Wir haben schon die Steinzeit erlebt!

Yeah

Nicht nur die Zeit kann verwirrend sein, wenn es um Länge geht. Ein Meter Autobahn ist sehr kurz, aber wenn deine Nase einen Meter lang wäre, wäre sie überaus lang. Anders ausgedrückt: Deine Nase wäre lächerlich lang und die Autobahn lächerlich kurz, obwohl sie gleich lang wären! Nebenbei gesagt, solltest du aufpassen, falls deine Nase einen Meter lang *ist* und du neben einer ein Meter langen Autobahn stehst, dass nicht ein Verkehrshütchen auf deinem Riecher landet. Tja, und hier ist der ultimative „lange" Witz ...

Mami, wie lang ist es noch bis zum Abendessen?

Etwa zehn Meter, Schatz, der Tisch steht nebenan.

Du musst über diesen Witz nicht fünf Minuten lang lachen; aber klar, er ist so lustig, du wirst stundenlang lachen.

Das Geheimnis geht weiter ...

„Nun", fragte Thag, der Mathemagier. „Wollen Sie, dass ich die Nachricht der Prinzessin entschlüssele oder nicht?"

„Na gut, Sie bekommen auch Ihre 14. Rate", erwiderte der Oberst. „Also, was bedeutet es?"

„Der erste Hinweis steckt in den ersten drei Wörtern ‚Bitte lies Primzahlen'", erklärte Thag, der Mathemagier. „Sie wissen, was Primzahlen sind, oder?"

„Nun, Männer? Wer meldet sich freiwillig, um es ihm zu sagen?", fragte der Ober seine Krieger und tat so, als wüsste er es selbst.

Die Vektorkrieger sahen sich betreten an. Lieber meldeten sie sich freiwillig zu Dingen wie Abendessenkochen, wenn sie eigentlich auf einen Übungsmarsch mussten.

„Eine Primzahl ist eine Zahl, die nur durch eins und sich selbst teilbar ist", sagte Thag.

„Natürlich", sagten die Vektorkrieger einstimmig.

Natürlich

„Sie haben keine Ahnung, wovon ich rede, nicht wahr?", fragte der Mathemagier.

„Äh, nun ja, das Dividieren gehört nicht unbedingt zu ihren gewohnten militärischen Aufgaben", erklärte der Oberst.

„Können sie Backsteine stapeln?", fragte der Mathemagier.

„Ich würde sagen, ja", erwiderte der Oberst und sah seine Vektorkrieger scharf an. „Es ist eine ihrer Lieblingsbeschäftigungen."

„Geben Sie jedem Mann eine andere Zahl Steine. Jeder soll dann seine Backsteine in mehrere Stapel aufeinander schichten. Das ist an sich einfach. Aber Achtung: Es müssen gleich hohe Stapel entstehen, und es dürfen keine Steine übrig bleiben."

„Wird das beim Entschlüsseln der Geheimsprache helfen?", fragte der Oberst.

„Am Ende schon", sagte Thag. „Inzwischen werde ich die Wörter nummerieren."

1	2	3	4	5		
Bitte	lies	Primzahlen	Elefant	Hilfe		
6	7	8	9	10	11	12
dir	ich	mag	kalte	Würstchen	bin	nicht
13	14	15	16	17		
gefangen	liebe	diese	Vorhänge	in		
18	19	20	21	22		
Grün	Burg	warte	nicht	ab		
23	24	25	26	27	28	
Rechenstein	Hallo	Mami	beobachte	das	Vögelchen	
29		30	31	32	33	
unterschrieben		versiegelt	Prinzessin	Tolle	Hose	
34	35	36	37	38		
hoch	den	Pulli	Laplace	Krümel		
39	40	41	42	43		
P.S.	Eier	rautenförmiges	Bingo	Fenster		

„Also", sagte Thag, „um diese Nachricht zu verstehen, lesen wir nur die Wörter mit den Primzahlen."

„Und was hat das Dividieren damit zu tun?", wollte der Oberst wissen.

Thag führte ihn zu den Backsteinstapeln, die seine Krieger gebaut hatten.

„Dieser Bursche hier hat zehn Steine", sagte Thag. „Er hat sie auf zwei gleich hohe Türme zu je fünf Steinen verteilt. Das heißt, man kann zehn sauber durch zwei teilen. Zehn ist keine Primzahl."

„Oh." Der Oberst begann zu verstehen. „Also lesen wir das Wort ‚Würstchen' nicht?"

„Nein, wir streichen es weg", sagte Thag.

„Schade", sagte der Feldwebel, „denn, wissen Sie, ich mag Würstchen …" Doch Thag und der Oberst waren schon weiter.

„Nun, dieser Bursche hier hat 13 Steine", sagte Thag.

„Und er hat sie in drei sauberen Stapeln von je vier Steinen angeordnet", sagte der Oberst.

„Ja, ja, aber ein Stein bleibt übrig, Das heißt, dass sich 13 nicht glatt teilen lässt."

„Und wenn er drei Stapel mit fünf Steinen baut?"

„Dafür hat er zwei Steine zu wenig. 13 Steine lassen sich überhaupt nicht auf gleiche Stapel verteilen."

„Also ist 13 eine Primzahl!", sagte der Oberst hoffnungsvoll.

„Ja, genau. Deshalb gehört ‚gefangen‘ zu den Wörtern, die wir lesen müssen."

„Um Himmels willen", rief der Oberst. „Welche Zahlen sind noch Primzahlen?"

„Zwei, drei, fünf, sieben ...", begann Thag.

„Neun?", fragte der Oberst.

„Nein, denn man kann neun Steine in drei Stapel zu je drei anordnen. Elf ist die nächste Primzahl und dann 13."

„Wenn ich diese Primzahlen nehme, beginnt die Nachricht: ‚Lies Primzahlen, Hilfe, ich bin gefangen ...‘ Um Himmels willen!", keuchte der Oberst. „Das ist ein Notfall!" Er wandte sich an seine wackere Truppe. „Gute Nachrichten, Burschen! Wir werden zu einem Notfall gerufen. Wahrscheinlich wird es bedrohlich gefährlich und gruselig unheimlich. Eure Überlebenschancen sind winzig, und eine Belohnung wird es auch nicht geben."

Irgendwie schien die Truppe seine Begeisterung nicht zu teilen.

„Nicht einmal Würstchen?", fragte der Feldwebel.

„Nein, die Würstchen mussten wir leider streichen", räumte der Oberst ein. „Aber denkt nur an das Abenteuer!"

Die Krieger dachten darüber nach und kamen zu dem Schluss, dass es für sie genug Abenteuer war, zu Hause zu bleiben und kleine Backsteinstapel zu bauen.

„Hmm", sagte Thag. „Wissen Sie, wo Burg Rechenstein ist?"

„Natürlich", sagte der Oberst.

„Nun, nach dieser Nachricht wird Prinzessin Laplace in

einem Raum mit einem rautenförmigen Fenster gefangen gehalten", sagte Thag.

„Ein rautenförmiges Fenster?", sagte der Oberst. „Aber wie sollen wir wissen, welches das ist?"

Thag grinste ihn an. „Das kostet noch eine Rate."

Fortsetzung folgt.

HAST DU ZEIT?

Wieso heißt das Jahr Jahr?

So blöd das auch klingt – alles, was mit Zeit zu tun hat, hängt vom Auf- und Untergehen der Sonne ab. Jedes Mal, wenn die Sonne auf- und wieder untergeht, ist ein Tag vorbei, und die Zeit zwischen zwei Sommern bezeichnen wir als Jahr.

Die Tage sind gezählt

Kaum waren die Tage und Jahre erfunden, da dachte sich ein cleverer Mensch den Terminkalender aus. Die alten Terminkalender sahen anders aus als heute, hielten aber auch länger. Wenn du mal nach Ägypten kommst, kannst du diese uralten Terminkalender sehen, die in riesige Felsen eingraviert waren. Sie waren nicht sehr handlich, und man konnte sie nicht in die Hosentasche stecken, aber sie hatten keine Batterien, die leer werden konnten, und ließen sich auch nicht so leicht klauen.

Kannst du dir vorstellen, wie die Leute früher mit ihren Terminkalendern herumspazierten?

„Hallo, Hippopotty, kannst du nächstes Jahr mit mir zu Mittag essen?"

„Ich seh mal eben in meinem großen Steinbrocken nach. Wann wär's dir recht?"

„An einem Tag."

„Aber sie heißen *alle* Tag!"

Das war natürlich total sinnlos. Deshalb dachte man sich dann doch lieber ein genaueres System aus, das Jahr aufzuteilen.

Die alten Römer hatten ein System, das unserem ziemlich ähnlich war. Zunächst unterteilten sie das Jahr in Monate. Noch heute sind einige unserer Monate nach römischen Kaisern benannt: der August nach Augustus, der Juli nach Julius Cäsar. (Aller- 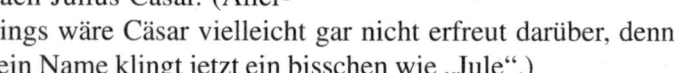 dings wäre Cäsar vielleicht gar nicht erfreut darüber, denn sein Name klingt jetzt ein bisschen wie „Jule".)

Dann gaben die Römer einigen Tagen Namen. Ein berühmtes Datum war „die Iden des März". Ides war der römische Ausdruck für den 15. Tag des Monats. Eines Morgens schlenderte Cäsar durch Rom, als plötzlich ein Kerl vor ihm auftauchte und schrie: „Hab Acht vor den Iden des März!"

Cäsar dachte: „Was für ein Spinner", doch siehe da, am 15. März wurde Cäsar von seinen Ministern erstochen. Das kam ein bisschen überraschend für ihn, weil er sie alle für seine besten Kumpel gehalten hatte. Da sieht man's mal wieder – die Herren Minister!

Man ging jetzt dazu über, den Tagen des Monats Zahlen zuzuordnen, und so hatte bald jeder Tag des Jahres sein eigenes Datum, wie „der 24. Juli" oder „der zweite Oktober". Es wurde einfacher, eine Fete zu feiern: Wenn man sagte, wann sie stattfinden sollte, kamen die Gäste auch alle am gleichen Tag.

Die Unterteilung des Tages

Genau in der Mitte zwischen Sonnenaufgang und Sonnenuntergang steht die Sonne an ihrem höchsten Punkt. Der Moment, in dem das geschieht, heißt in der Fachsprache „Meridian", aber normalerweise sagen wir „Mittag" dazu. Schlaue Leute beschlossen, den Tag in zwei Hälften zu unterteilen, den „Vor-Mittag" und den „Nach-Mittag". Eine kluge Entscheidung!

Jetzt kannst du also in deinem Terminkalender nach halben Tagen planen. Das genügt, wenn dein Leben ruhig und einfach ist. Stell dir vor, du wärst ein Schaf, dann sähe dein Terminkalender so aus:

55

Also kein Problem. Stell dir aber vor, du rufst am Bahnhof an und fragst, wann der Zug nach Hintertupfingen geht. „Am Nachmittag" ist da als Antwort nicht besonders hilfreich. Entweder du musst stundenlang warten, oder aber du gehst ein bisschen später und verpasst den Zug. Wenn du also nicht gerade ein Schaf bist, muss die Zeitangabe schon genauer sein.

Zunächst wurde deshalb der Tag in 24 Stunden unterteilt. Diese wurden dann zweimal von eins bis zwölf durchnummeriert. Das bedeutet, es gab zwölf Stunden am Vormittag (von Mitternacht bis Mittag) und 12 Stunden am Nachmittag (von Mittag bis Mitternacht). Das war für viele Menschen eine echte Hilfe, etwa für Mönche, die ihre Gottesdienste über den Tag verteilt planen wollten, oder für Seeleute, die wissen wollten, wann sie Wache stehen mussten und wann sie schlafen durften.

24 ist vielleicht eine etwas krumme Zahl, aber sie lässt sich super durch zwei, vier, drei und sechs teilen. 23 Stunden am Tag wären eine echte Plage! Stell dir vor, wie die Zifferblätter aussehen würden!

Stunden waren nette, bequeme Zeiteinheiten, doch die Leute wurden stressig und fragten bald so was wie …

Also wurde jede Stunde in 60 Minuten unterteilt. 60 ist noch
so eine tolle Zahl, denn auch sie lässt sich wunderbar teilen,
durch zwei, drei, vier, fünf, sechs, zehn …

Natürlich hatten die Leute immer noch nicht genug und
unterteilten jede Minute in 60 Sekunden. Zum Glück ist das
die kleinste Zeiteinheit, um die wir uns kümmern müssen.

Wie man mit Zeit fertig wird

Auch wenn es Jahre, Tage, Stunden, Minuten und Sekunden
gibt, brauchst du sie nicht alle auf einmal. Stell dir vor, du
hast Geburtstag und schickst folgende Einladung weg:

Eines der folgenden Dinge wird geschehen:

1 28 Minuten und 12 Sekunden nach 19 Uhr kommen alle auf einmal und bleiben in der Tür stecken.

2 Deine Freunde finden dich etwas seltsam und kommen gar nicht.

Die Sekunden sind natürlich viel zu kurz, als dass du dich damit abgeben müsstest; lass sie also weg. Auf ein paar Minuten kommt es wohl bei deiner Party auch nicht an; sag einfach „halb acht" oder 19:30. Das Jahr ist andererseits so lang, dass es klar sein sollte, welches du meinst. Deshalb musst du es eigentlich auch nicht erwähnen.

Wenn du auf diese überflüssigen Angaben verzichtest, bleibt dir genügend Platz für viel wichtigere Dinge:

Ich habe Geburtstag

Bitte komm zu meiner Party

am 15. Mai 1999 um 19.30 Uhr

und vergiss nicht, mir ein großes Geschenk mitzubringen

Bei einigen Ereignissen wird die Zeit genauer angegeben als bei anderen. Am verrücktesten führen sich dabei die Astronomen auf. Tagelang sitzen sie am Computer und studieren ihre Karten, um dir dann voller Stolz mitzuteilen, dass es um 8 Minuten und 19 Sekunden nach 4 Uhr am Morgen des 5. Januar im Jahr 2167 eine totale Sonnenfins-

ternis geben wird. Komisch – wenn es um andere Dinge
geht, können die gleichen Leute ziemlich ungenau sein, zum
Beispiel:

Rund um die Uhr

Mit Uhren misst man die Zeit und kann eine der folgenden beiden Fragen beantworten:
1. Wie spät ist es?
2. Wie lange hat etwas gedauert?
Wenn du fragst, „Wie spät ist es?", fragst du nach der *absoluten* Zeit! Klingt das nicht hochgestochen? Bei der absoluten Zeit erhältst du als Auskunft zum Beispiel „zehn Minuten nach drei".

Wenn du fragst, wie lange etwas dauert, etwa „Wie lange braucht Onkel Theodor im Bad?", dann geht es um die *relative* Zeit! Die Antwort lautet zum Beispiel „20 Minuten und elf Sekunden". Die relative Zeit gibt nicht an, *wann* Onkel Theodor im Bad war, sondern *wie lange*.

Die absolute Zeit
Was du über die absolute Zeit unbedingt wissen solltest …

Die einzige Uhr, die nie falsch gehen kann, ist die Sonnenuhr. (Ausnahme: Wenn die Uhren im Sommer auf Sommerzeit umgestellt werden, kann man die Sonnenuhr nicht verstellen. Sie geht während dieser Monate also eine Stunde nach.) Die Sonne wandert über den Himmel, und ein Zeiger in der Mitte der Uhr wirft dabei einen Schatten, der die Zeit anzeigt. (Wenn die Sonne nicht scheint, zeigt die Uhr gar nichts an, geht aber jedenfalls nicht falsch.)

Wenn du sagst, das sei Unsinn, denk noch mal nach. Stell dir vor, deine Uhr ist stehen geblieben. Woher willst du wissen, wie du

60

sie stellen musst? Die folgenden Dinge kannst du probieren:
1. Sieh auf einer anderen Uhr nach.
2. Mach den Fernseher an und schau, ob da eine Uhr angezeigt wird. Wenn du Videotext hast, kannst du dort nachsehen.
3. Ruf bei der Zeitansage an.
4. Geh raus, such eine Sonnenuhr und warte, bis die Sonne herauskommt.

Bei 1, 2 und 3 erfährst du die Uhrzeit natürlich präzis bis auf die Minute oder sogar Sekunde. Eine normale Sonnenuhr kann die Uhrzeit nur auf etwa 15 Minuten genau angeben.

Aber ... stell dir vor, auf der Erde würde plötzlich der gesamte Strom ausfallen und alle mechanischen und batteriegetriebenen Uhren würden stehen bleiben – welche Möglichkeit, die Uhrzeit zu erfahren, bliebe dann übrig? Ja, die gute alte Sonnenuhr! Sie ist vielleicht nicht bis auf den Bruchteil einer Sekunde genau, doch sie wird auch in ein paar Millionen Jahren noch funktionieren.

Sieh mal, das ist eine teure, wasserfeste, mit Laserunterstützung konstruierte Multifunktionsuhr mit zehn Diamanten. Die Sonne muss nachgehen.

Das glaub ich nicht!

Die Sonnenuhr ist so außergewöhnlich, weil alle anderen Uhren nur anzeigen können, wie viel Zeit vergangen ist, seit sie gestellt wurden. Selbst der teuersten Uhr der Welt muss eingegeben werden, wie spät es ist, bevor sie in Gang gesetzt wird. Ab dann zählt sie eigentlich nur Sekunden und zeigt an, wie weit sie damit gekommen ist!

Uhren anno dazumal

Ganz früher scherten sich die Uhren nicht um Minuten, sondern sie zeigten nur die ungefähre Stunde an. Es gab da verschiedene Arten:

Die Aufziehuhr

Von diesen schrillen alten Monstern gibt es noch immer ein paar Exemplare – sie sind einfach irre. Die ersten wurden vor 600 Jahren gebaut und von einem Gewicht in Gang gehalten, das fast eine Viertel Tonne wog!

Sie hatten keine Minutenzeiger und manche nicht einmal einen Stundenzeiger – sie schlugen einfach einmal die Stunde!

Die Kerzenuhr

Früher hatten die Leute spezielle lange Kerzen mit Markierungen. Wenn die Kerze herunterbrannte, erreichte sie eine Markierung nach der anderen und zeigte so an, wie viel Zeit vergangen war. Kerzenuhren verwendete man häufig während der

Nacht in den Kirchen; so wussten die Mönche, wann die Nachtgottesdienste begannen.

Seiluhr
Dies ist eine alte chinesische Variante der Kerzenuhr. Ein mit Knoten versehenes Seil wurde an einem Ende angesengt und brannte langsam ab.

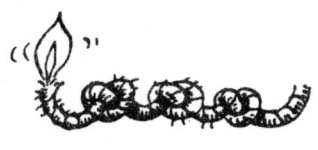

Sanduhr
Aus der oberen Hälfte eines Glasgefäßes rinnt Sand langsam in die untere Hälfte. Du musst wissen, wie lange er braucht, um einmal ganz durchzulaufen. So kannst du schätzen, wie viel Zeit vergangen ist.

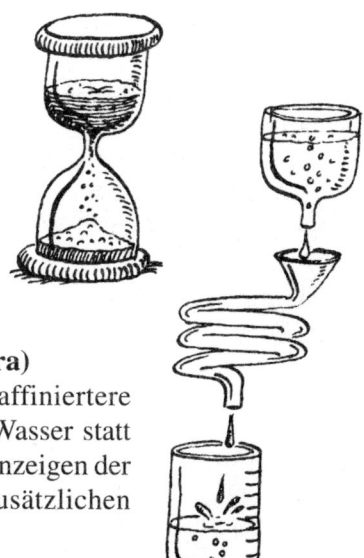

Wasseruhr (oder Klepsydra)
Diese Uhren sind eine raffiniertere Variante der Sanduhr, mit Wasser statt Sand. Manche waren zum Anzeigen der verstrichenen Zeit mit zusätzlichen Röhrchen ausgestattet.

Wie genau sind Uhren?
Die frühen Uhren waren entsetzlich unzuverlässig. Doch vor rund 400 Jahren wurde die Pendeluhr erfunden. Das Pendel schwang in genauen Zeitabständen hin und her, sodass die Uhr gleichmäßiger ging.

Auch baute man die s genannten „Unruhfedern" in die Uhren, wodurch tragbare Uhren, also Taschen- und Armbanduhren möglich wurden. Wenn du einmal einen Blick in eine mechanische Uhr werfen kannst, siehst du ein Metallrädchen mit einer Feder darin, das sich hin- und herdreht. Es hat die gleiche Aufgabe wie das Pendel bei der Standuhr.

Heutzutage hat fast jeder eine Quarz-Armbanduhr oder einen Quarzwecker. Quarz ist ein Kristall: Wenn er mit einer Batterie verbunden ist, sendet er gleichmäßige elektrische Impulse aus. Diese Impulse treiben das Uhrwerk an. Bei einer Digitaluhr werden die Impulse gezählt und in verstreichende Sekunden umgewandelt. (Der Quarzkristall funktioniert also wie ein Pendel, nur 100 000-mal schneller!)

Am genauesten gehen die Atomuhren. Sie gleichen deiner Quarzuhr, haben aber keinen Quarzkristall, sondern zählen die Schwingungen spezieller Atome. Atomuhren sind so genau, dass sie sogar die Erdumdrehung an Genauigkeit übertreffen! Mithilfe dieser Uhren haben Forscher herausgefunden, dass die Erde an einigen Tagen für eine Umdrehung eine fünftausendstel Sekunde länger braucht als an anderen. (Manchmal fragt man sich wirklich, ob die Wissenschaftler nichts Besseres zu tun haben!)

Wie zeigt dir die Uhr die Zeit an?

Es gibt bei Uhren zwei Arten der Anzeige …
- das gute alte Zifferblatt mit Zeigern
- die „Digitalanzeige" mit einer Zahlenreihe.

Egal, was für eine Uhr du hast – jede sollte dir die gleiche Uhrzeit anzeigen.

Im Allgemeinen sagen dir Uhren nicht, ob es Vormittag oder Nachmittag ist, weil das normalerweise klar ist. Wenn deine Uhr halb zwei anzeigt, und der Himmel ist schwarz, dann kannst du dir ziemlich sicher sein, dass es halb zwei morgens ist.

Bei einem normalen Zifferblatt ist der Stundenzeiger (gewöhnlich der kleinste) der wichtigste. Der Stundenzeiger wandert zweimal am Tag an allen Zahlen der Uhr vorbei. Wenn eine Uhr nur einen Stundenzeiger hat, kannst du natürlich nur die Stunden ablesen.

   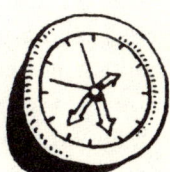

Uhr mit Stundenzeiger: zeigt an, dass es zwischen ein und zwei Uhr ist. Nicht besonders hilfreich.	Uhr mit Stunden- und Minutenzeiger: zeigt 28 Minuten nach eins an. Schon besser.	Uhr mit drei Zeigern: zeigt an, dass es 14 Sekunden vor 28 Minuten nach eins ist. Sehr gut.	Uhr mit endlos vielen Zeigern. Absoluter Quatsch.

Wenn du einen Minutenzeiger hast, erfährst du also auch die Minute der jeweiligen Stunde. Mit einem Sekundenzeiger wird die Sache ganz genau, weil du nun weißt, wie lange es noch bis zur nächsten Minute dauert. Den Sekundenzeiger erkennst du daran, dass er sich ständig bewegt. (Die anderen beiden Zeiger bewegen sich zwar auch, allerdings so langsam, dass du es fast nicht bemerkst.)

Wenn du meinst, der Sekundenzeiger sei der wichtigste, weil er am genauesten ist, dann sieh dir das an:

Uhr nur mit Sekundenzeiger:
Absolut nutzlos, wenn man wissen
will, wie spät es ist.

Eine Uhr, die nur einen Sekundenzeiger hat, ist zwar überhaupt nicht geeignet, die *absolute* Zeit anzuzeigen, aber sehr hilfreich, wenn du die *relative* Zeit messen willst. Stell dir vor, du willst wissen, wie lange du brauchst, um die Treppe rauf- und runterzurennen: Der Sekundenzeiger zeigt dir genau an, wie viele Sekunden vergangen sind. Das könntest du mit einer Sonnenuhr nicht machen!

Die Zahlen auf einer Digitalanzeige sind genauso zu lesen wie die Zeiger des Zifferblatts.

Stunden   :   Minuten nach voller Stunde   :   Sekunden nach voller Minute

Wenn nur zwei Zahlen da sind, dann ist das wie bei einer Uhr mit Stunden- und Minutenzeiger. Bei drei Zahlen zeigt die letzte, wie viele Sekunden vergangen sind.

Bei der Digitalanzeige gibt es zwei Besonderheiten:

1. Du kannst die Uhrzeit hier natürlich leicht ablesen. Die Anzeige auf Seite 66 unten zeigt – ganz klar – „9 Uhr 54". Das klingt aber komisch. Besser ist es, hier „6 vor 10" zu sagen. Dies gilt für viele Uhrzeiten, wie z. B. „7 Uhr 30" (halb acht), „6 Uhr 12" (12 nach sechs) und so fort.

2. Die Digitalanzeige ist häufig eine „24-Stunden-Anzeige". So eine Anzeige sagt dir auch noch, ob es Vormittag oder Nachmittag ist. Und das ist ganz einfach: Bei Stundenzahlen, die größer als zwölf sind, ist es Nachmittag. Du ziehst einfach zwölf ab und weißt, wie spät es ist. Wenn dir die Uhr 17:21 anzeigt, dann ist es 21 Minuten nach fünf Uhr nachmittags.

Schierglück Holmes und die Diamanten der Herzogin oder: höchste Zeit für ein Geständnis

„Meine Diamanten!", kreischte die Herzogin. „Sie waren in dieser kleinen Schmuckschachtel auf dem Schminktisch, und jetzt sind sie fort!"

„Hm!", sagte Schierglück Holmes, der Meisterdetektiv, und sah sich im Zimmer um. „Offenbar war der Dieb in Eile. Er hat Ihre Uhr auf den Boden geworfen."

„Wer ist denn so herzlos, eine kleine unschuldige Uhr kaputtzumachen?", schluchzte die Herzogin. „Was nützt sie jetzt noch?"

„Sehr viel sogar", sagte Schierglück Holmes. „Die Zeiger auf der Uhr haben sich nicht bewegt, seit sie zu Boden fiel;

also zeigen sie, wann genau das Verbrechen begangen wurde."

„Ich möchte mit jedem sprechen, der sich heute Nachmittag in Ihr Zimmer hätte schleichen können", sagte Schierglück Holmes.

„Aber das könnte jeder im Haus sein!" Die Herzogin rang nach Luft und wurde kreidebleich. „Oh nein! Und diese Person hätte meine – Sie wissen schon – auf der Heizung trocknen sehen."

Schierglück sah sich um und erblickte eine mächtige Unterhose aus gekräuselter rosa Spitze, die in der Ecke still und leise vor sich hin dampfte. Die Herzogin hatte Recht, das wäre ihm auch peinlich!

Später rief man in der Bibliothek die Hausangestellten und Gäste zusammen; ein uniformierter Polizist bewachte die Tür.

„Ich muss überprüfen, was Sie alle heute Nachmittag gemacht haben", sagte Schierglück Holmes und sah von einem zum anderen. Sein Blick verriet nicht, wen er verdächtigte.

„Ich habe mit Millicent im Garten Gänseblümchenkett-chen gebunden." Primelchen lächelte albern. „Und wir hör-ten die Kuckucksuhr süß fünf Uhr schlagen."

„Diese Uhr geht immer 15 Minuten vor", sagte Oberst Grunz.

„Und wo waren Sie, Oberst?", fragte Holmes.

„Ich habe im Schuppen meine Donnerbüchse gereinigt", war die Antwort. „Das Tuch verfing sich am Abzug, und das verdammte Ding ging los – bums. Nach meiner 24-Stunden-Digitaluhr war das genau um 14:46. Irgendjemand muss es gehört haben."

„Sie waren das also!", kicherte Rodney Bounder. „Das war ja ein Krach!"

„Und wo genau hielten Sie sich auf, Sir?", fragte Schier-glück Holmes.

„Oh nein, mir können Sie das nicht unterschieben!", feixte Rodney. „Ich habe mit dem Pfarrer Karten gespielt. Sie können ihn fragen."

„Wann war das?", fragte Schierglück Holmes.

„Als ich auf meine diamantbesetzte Goldarmbanduhr sah, war es Viertel vor fünf." Rodney grinste höhnisch. „Und nun hören Sie auf, unsere Zeit zu verschwenden. Ich sage, der Butler war's."

„So, so", brummte der Oberst.

„Ich hatte am Nachmittag frei", flüsterte Krächz, der Butler. „Ich habe meine Schwester Aggie zum Bahnhof gebracht und um 4:46 Uhr in den Zug gesetzt."

„Nun, einer von Ihnen hat sich am Nachmittag in das Zimmer der Herzogin geschlichen und die Tat begangen", sagte Schierglück Holmes. „Und das ist nicht alles: Derjenige hat die grünen Schlüpfer der Herzogin auf der Heizung liegen sehen."

„Grün? Sie waren doch rosa!", war eine Stimme zu hören. „Ha!", rief Schierglück Holmes triumphierend. „Dachte ich's mir doch! Wachtmeister, verhaften Sie den Dieb!"

Weißt du, wer kein Alibi für die Tatzeit hat?

Antwort: Wenn die 24-Stunden-Uhr des Obersts 14:46 anzeigte, dann putzte er seine Donnerbüchse zwei Stunden vor dem Diebstahl. Der Oberst verpatzte damit sein Alibi und entlarvte sich als Dieb und Schlüpfer-Spanner!

Teste deinen Taschenrechner
Gib Folgendes ein:

12345679 × 9 = (vergiss nicht die 8 auszulassen)

Was kommt heraus? Wenn du *einen* guten Taschenrechner hast, wirst du *ein ein*maliges Ergebnis bekommen.

71

DIE SUCHE NACH DEM RICHTIGEN WINKEL

… und wie du auf keinen Fall Kanonenkugeln abfeuern solltest!

„Nein, nein, nein!", kreischte der Abt. „Diese Bücher sind unmöglich!"

„Was ist denn los?", fragte der Mönch.

„Sieh nur, die Ecken sind alle im falschen Winkel!"

„Was ist ein Winkel?", fragte der Mönch.

„Damit beschreibt man, wie eine Ecke aussieht", sagte der Abt. „Und die Ecken hier sind entweder zu groß oder zu klein. Diese Bücher lassen sich nicht anständig übereinander stapeln, fallen aus dem Regal und öffnen sich von ganz allein. Sieh mal, so sollte ein Buch aussehen: Alle Winkel sind genau gleich."

„Genau gesagt, sind das die *rechten Winkel!*"

72

Jede Menge Winkel

Diese etwas alberne Geschichte erklärt also, was ein *rechter* Winkel ist. Rechte Winkel ergeben hübsche senkrechte Ecken. Wenn ein Winkel wie ein Zacken aussieht, dann ist er *spitz*, und wenn er nicht zackig genug ist, dann ist er *stumpf*. Es gibt sogar ein Wort für einen umgedrehten Winkel: *überstumpfer* Winkel.

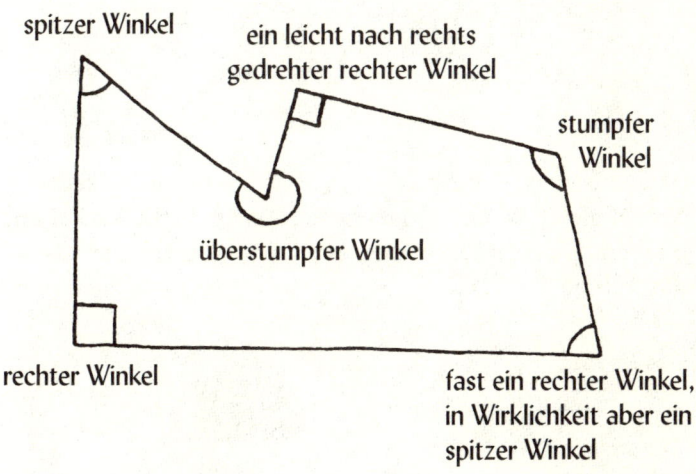

spitzer Winkel

ein leicht nach rechts gedrehter rechter Winkel

stumpfer Winkel

überstumpfer Winkel

rechter Winkel

fast ein rechter Winkel, in Wirklichkeit aber ein spitzer Winkel

Es ist ganz einfach, sich zu merken, welches der spitze Winkel ist. Stell dir einen sehr, sehr, sehr, sehr spitzen Winkel vor – so spitz wie die Spitze einer Stecknadel. Das ist ganz schön spitz!

Eines ist an den Winkeln wirklich lästig: Sie werden in „Grad" gemessen. Das Problem daran ist, dass auch die Wetterfrösche in Gradzahlen vorhersagen, wie warm es wird. Vielleicht war der erste Mensch, der Winkel maß, ein gewisser Herr Grad, und der wollte berühmt werden. Wie auch immer, es wäre viel besser gewesen, wenn man die Winkel in „Eckels" oder „Winkies" gemessen hätte. Du könntest dir auch selber ein Wort ausdenken. Dann könnte dein Mathelehrer auch nicht mehr so lustige Witze machen wie diesen …

Ein Grad ist ziemlich klein, sodass in einem rechten Winkel gleich 90 Grad Platz haben. Wenn du 90 Winkel mit je einem Grad zusammenlegen würdest, dann gäbe das einen rechten Winkel.

ein paar ganz
winzige Winkel

90 Ein-Grad-Winkel

Winkel plus Winkel
Hier wurden zwei rechte Winkel zusammengefügt:

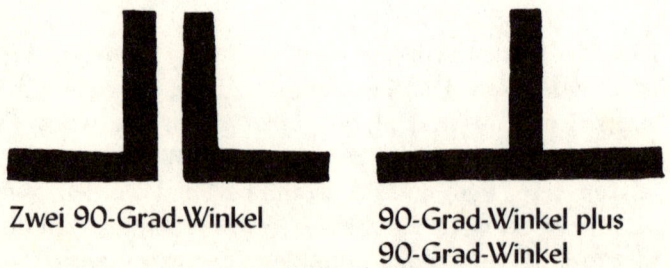

Zwei 90-Grad-Winkel

90-Grad-Winkel plus
90-Grad-Winkel

Du bekommst eine gerade Linie! Wenn du zeigen willst, wie clever du bist, kannst du den Leuten auch erzählen, dass eine gerade Linie in Wirklichkeit ein Winkel von 180° ist. (Immer „Grad" zu schreiben wird ziemlich langweilig, daher schreibt man stattdessen °.)

Die Gradzahl 180 ist übrigens ziemlich spannend: Die Winkel an den drei Ecken eines Dreiecks ergeben nämlich zusammen immer 180°. Das kannst du ganz ohne nerviges Rechnen nachweisen! Du brauchst nur ein Blatt Papier und eine Schere.

1. Schneide ein Dreieck aus. Die Form ist egal, aber die Seiten müssen gerade sein.

2. Reiße die drei Ecken ab.

3. Lege sie so wieder zusammen:

4. Mache einen Luftsprung und rufe dabei: „Seht her! Da ist eine gerade Linie, und eine gerade Linie hat 180°, also ergeben die drei Winkel zusammen 180°."

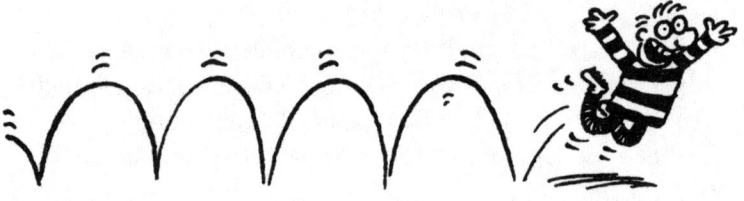

(Übrigens: Wartest du immer noch darauf zu erfahren, wie du auf keinen Fall Kanonenkugeln abfeuern solltest? Bald wirst du's wissen. Schieß bitte bis dahin keine Kugel ab.)

Also, nun weißt du, dass die Winkel eines Dreiecks 180° ergeben. Wie steht es mit Vierecken? Sieh dir dieses Buch an. Es ist ziemlich rechteckig, doch vor allem hat es vier Ecken und vier Seiten. (Flache Figuren haben immer gleich viele Ecken wie Seiten.) Wenn etwas vier gerade Seiten hat, dann ergeben die Winkel zusammengezählt zweimal 180°, also 360°. Was das bedeutet? Na, du machst jetzt das Gleiche wie mit dem Dreieck, nur schneidest du eine Form mit vier Seiten aus. (Du kannst auch ein Dreieck ausschneiden und dann eine Ecke abschneiden.) Reiß die 4 Ecken ab. Was geschieht? Du müsstest etwas haben, das so ähnlich aussieht:

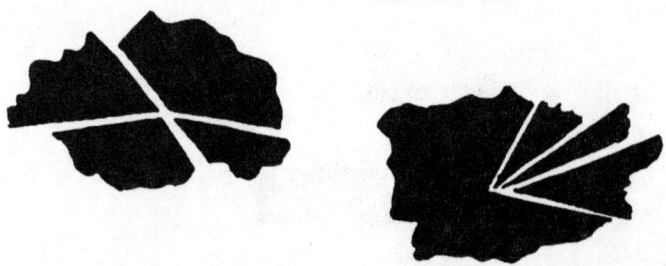

Die Teile passen lückenlos zusammen! Das funktioniert sogar, wenn du eine Form mit überstumpfem Winkel aus-
schneidest.

Übrigens spielt es keine Rolle, wie viele Ecken eine Form
hat. Du kannst so oder so leicht herausfinden, wie viel Grad
die Winkel zusammen ergeben. Teile die Form einfach in
Dreiecke, indem du die Ecken durch Linien miteinander
verbindest. (Die Linien dürfen sich nur nicht kreuzen.)

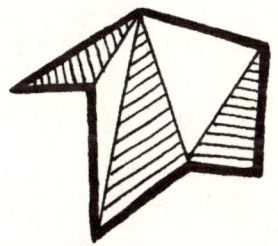 

Sieh dir diese Form mit sieben Ecken an. Du siehst, dass
sie auf zwei verschiedene Arten in Dreiecke unterteilt wurde. Jedes Mal ergeben sich fünf Dreiecke. Da jedes Dreieck
180° hat, haben in diesem Fall fünf Dreiecke 5 × 180° (also
900°): Das ist die Gradzahl eines Siebenecks. Wenn es dir zu
mühsam ist, Formen in Dreiecke zu zerteilen, dann zählst du
einfach die Ecken, ziehst zwei ab, nimmst mit 180° mal –
und hast das Ergebnis.

Die Kanonenfrage

Und was hat das alles mit Kanonen zu tun? Tja, wenn du eine Kanonenkugel abfeuern willst, dann musst du zunächst
die Erhöhung des Geschützrohrs festlegen – so drückt man
kompliziert aus, wie steil das Rohr in die Luft zeigen soll.

Die Erhöhung wird in Grad gemessen. Bei einer Erhöhung von null Grad ist das Geschütz parallel zum Erdboden ausgerichtet. Hier sind ein paar Erhöhungen:

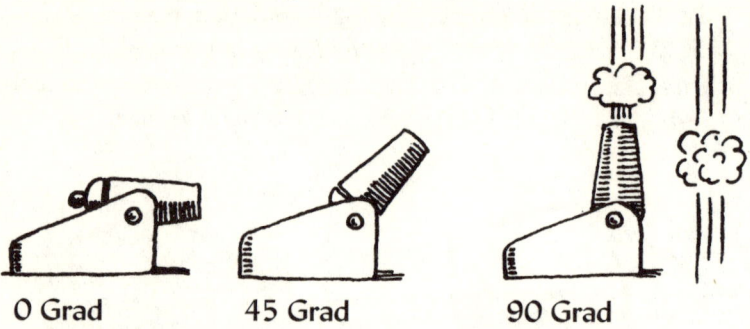

0 Grad   45 Grad   90 Grad

Siehst du, welche man niemals einstellen sollte? Genau, die 90°- Erhöhung: Bei der wird die Kugel senkrecht in die Luft geschossen und landet dir – bäng – auf dem Kopf.

Ein guter alter Trick

- Schreibe eine dreistellige Zahl mit drei verschiedenen Ziffern auf.

- Schreibe die gleichen Ziffern in umgekehrter Reihenfolge auf.

- Ziehe die niedrigere Zahl von der höheren ab.

- Schreibe das Ergebnis rückwärts auf.

- Addiere die beiden neuen Zahlen.

- Das Ergebnis lautet *immer* 1089!

Willst du deine Freundinnen und Freunde austricksen? Dann schreibe „1089" auf einen Zettel und lege ihn umgedreht auf den Tisch, ehe ihr anfangt. Egal, welche Zahl sie sich ausdenken – sie werden erstaunt sein, wenn du ihnen das Ergebnis zeigst!

ACHTUNG: In ganz seltenen Fällen lautet das Ergebnis 198. Bitte in diesem Fall die Testperson, die Zahl rückwärts zu schreiben (891) und die beiden Zahlen zusammenzuzählen – es kommt wieder 1089 heraus!

ECHTE MATHE-PROFIS

Wie unterscheidet man einen Mathematiker von einem richtigen Menschen?

Hier erfährst du es …

- Er zappelt unruhig mit den Füßen, wenn er im Telefonbuch blättert.
- Meistens steckt ein Hosenbein versehentlich im Socken.
- Auch wenn er echtes Haar auf dem Kopf hat, sieht er aus, aus trüge er eine Perücke.
- Einen guten Witz versteht er nicht; er lacht sich aber über Dinge wie Möbelstücke, Stadtpläne und Haarwaschmittel halb tot.
- Er starrt in den ausgeschalteten Fernseher.

Und besonders typisch ist es, dass …
- … er braune Wildlederschuhe mit schwarzem Spitzenbesatz trägt.

Eines oder mehrere dieser Merkmale verrät ihn heute untrüglich, doch das war nicht immer so. Vielmehr waren einige der *coolsten* Typen der letzten 5 000 Jahre Mathematiker!

Mathe-Magier

Früher ließen sich die Menschen von jemandem, der ein bisschen cleverer war, ganz leicht beeindrucken. Besonders der Jahreszeitenwechsel und die Mondphasen waren für sie wichtig; wer also den Wintereinbruch oder gar eine Mondfinsternis voraussagen konnte, war ein gemachter Mann.

Vor rund 5 000 Jahren wurden eigenartige Riesenbauwerke aus Stein gebaut (wie zum Beispiel Stonehenge in England). Eine Theorie besagt, dass sie dazu da waren, den Mathematikern ihrer Zeit bei ihren Berechnungen zu helfen. Es ist nicht erstaunlich, dass sie daher als Magier mit außergewöhnlichen Fähigkeiten galten. Vielleicht brachten sie der Sonne und dem Mond sogar Opfer – was beweisen würde, dass man Mathematikern sogar einen Mord durchgehen lassen würde!

Nun, im Leben muss man auch Opfer bringen, ODER?

Kann ich nicht einfach aufs Frühstück verzichten?

Thales

Im alten Griechenland war Mathematik so beliebt wie bei uns heute Popmusik oder Fußball. Es herrschte ein heißer Wettbewerb um den Beweis und die Entwicklung grundlegender Theorien. Um 550 v. Chr. wurde Thales, ein

Olivenölmagnat, zum Superstar, als er ein paar absolute Grundlagen schuf. Heißt das, er war ein Langweiler? Überhaupt nicht: Um eine seiner Entdeckungen zu feiern, ging er los und *opferte den Göttern einen Bullen*! Das arme Tier verlor sein Leben, nachdem Thales bewiesen hatte, dass alle Winkel in einem Halbkreis (siehe Abbildung) rechte Winkel sind (Satz des Thales).

Pythagoras

Pythagoras baute auf Thales auf und begründete einen mathematischen Kult mit eigener Zahl- und Symbolsprache. Seine Anhänger mussten viele Regeln beachten; eine davon war, dass sie niemals Bohnen essen durften!

OLYMPIA-NACHRICHTEN

Noch immer nur eine Goldmedaille

Pythagoras fordert absolutes Bohnenverbot.
Siehe Seite 2.

Puh, welch ein Stinker!

Heute wurde bekannt, dass ein Bohnentest beim Olympiasieger Pupsokles positiv ausfiel. Wie er inzwischen zugegeben hat, hatte er acht Teller Bohnen gegessen, um den Weltrekord im Stabhochsprung ohne Stab zu brechen.

Pupsokles gestern

Pythagoras fand alle möglichen schlauen Sachen heraus, zum Beispiel über die Harmonien in der Musik, doch sein größter Hit war dieser Beweis...

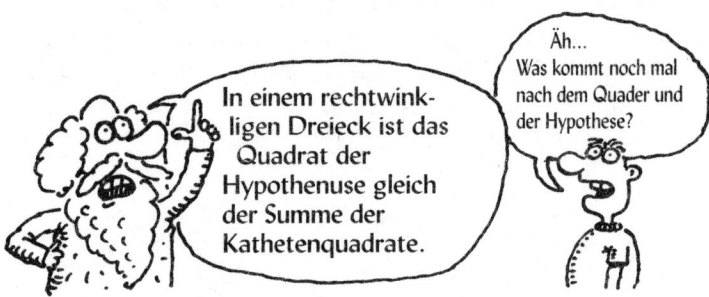

Sieh dir das Bild an, dann verstehst du leichter, was gemeint ist.

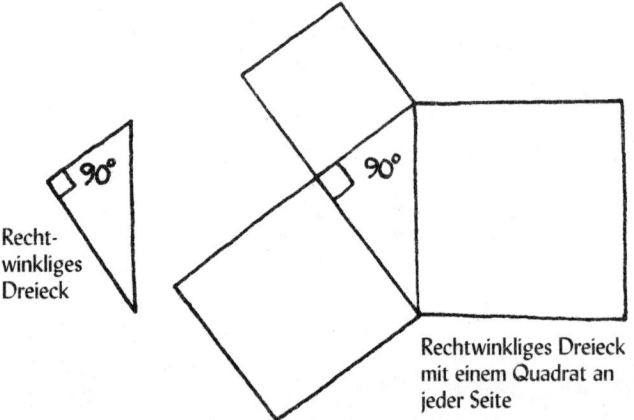

Ein Dreieck mit einem rechten Winkel (90°) ist ein rechtwinkliges Dreieck. Die „Hypothenuse" ist dabei die längste Seite und liegt immer dem rechten Winkel gegenüber.

Macht man aus jeder Seite des Dreiecks ein Quadrat, dann, so sagt Pythagoras, haben die beiden kleineren Quadrate zusammengenommen die gleiche Fläche wie das große.

Klingt das öde? Ganz sicher nicht, denn dank dieser Regel haben die Menschen Brücken und Wolkenkratzer gebaut. Man kann damit sogar ein Fußballfeld abstecken!

Pythagoras und seine Anhänger waren so hoffnungslos in Zahlen verliebt, dass sie dabei etwas durchdrehten. Sie setzten fest, dass alle geraden Zahlen weiblich und alle ungeraden männlich seien, bis auf die Zahl „1" – die sei Vater und Mutter aller Zahlen …

… doch als sie feststellten, dass es Probleme gab, die sich mit ihren tollen Zahlen nicht lösen ließen, waren sie so außer sich, dass sie das einfach abstritten …

Mathekrieg

Kaum zu glauben, nicht wahr? Aber tatsächlich stritten, ja kämpften die Leute um die besten Theorien und Beweise.

Weil Pythagoras und sein Trupp so schlau waren, konnten andere wie die Eleaten nicht widerstehen, sie zu ärgern: Sie stellten furchtbar komplizierte Fragen, die sich mit ihren Methoden nicht lösen ließen. Der Held der Eleaten war Zeno. Er liebte es, Paradoxa zu erfinden. Das sind Dinge, die wahr aussehen, es aber nicht sein können.

Zenos Paradoxon vom Läufer und der Schildkröte

Ein Läufer kann zehnmal schneller laufen als eine Schildkröte. Doch wenn eine Schildkröte mit einem Kilometer Vorsprung losläuft, kann sie der Läufer niemals überholen. Denk mal nach ...

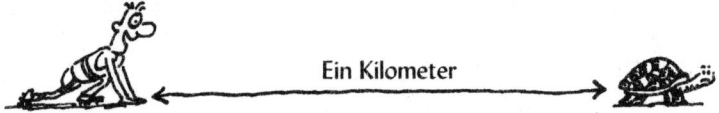

Der Läufer rennt einen Kilometer. Aber inzwischen ist die Schildkröte einen Zehntelkilometer weitergekrochen, so dass sie noch immer einen Zehntelkilometer vor dem Läufer liegt.

Der Sprinter läuft den Zehntelkilometer weiter, doch die Schildkröte ist wieder ein bisschen vorwärts gekrochen.

Der Läufer legt das nächste winzige Stückchen zurück, doch während er das tut, bewegt sich die Schildkröte ein klitzekleines bisschen vorwärts – und so weiter! Auch wenn der Abstand zwischen ihnen noch so klein ist, wird der Läufer die Schildkröte niemals überholen.

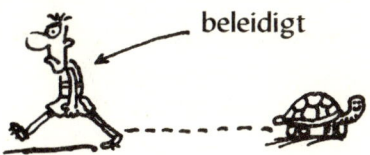

beleidigt

Natürlich wissen wir, dass der Läufer die Schildkröte eigentlich überholen kann, doch das ist schwer zu beweisen!

Euklid

Wenn sich kluge Leute streiten, ist das Tolle daran, dass sie noch angestrengter nachdenken und noch schlauere Ideen austüfteln. Um 300 v. Chr. sammelte ein weiterer Grieche namens Euklid die besten Beweise und Theorien der alten Mathefreaks in seinem Buch *Elemente*, das noch heute zu den berühmtesten Büchern der Weltgeschichte zählt.

Euklid war so was wie ein Pythagoras-Fan, kam aber auch mit ein paar eigenen interessanten Theorien groß raus. Unter anderem brachte er einen ziemlich eleganten Beweis. Er stellte auf einleuchtende Weise dar, dass es unendlich viele Primzahlen gibt.

In *Elemente* stand so ziemlich alles, was es über die mathematischen Grundlagen zu wissen gab, und so brachte es die nächste Clique von Mega-Mathematikern auf Ideen. Das waren wieder so ein paar ganz clevere Burschen. Einer der ganz wichtigen war zum Beispiel …

Der Große Archimedes

Archimedes gehört zu den Größten aller Zeiten. Du wirst sicher auch finden, dass er einfach Weltklasse war – du musst dir bloß klarmachen, dass er nur mit Bleistift, Lineal und Kompass arbeitete und keine tollen Computer hatte. Und damals gab es nicht einmal ein richtiges System dafür, wie er Zahlen notieren oder rechnen konnte! Hier sind nur ein paar Dinge, die er erfand …

Riesige Hebelsysteme

Diese waren so gewaltig, dass seine Heimatstadt Syrakus in Sizilien damit feindliche Schiffe eroberte und zerstörte! Archimedes erkannte, dass die Hebelkraft unglaublich stark ist, und behauptete: „Gib mir einen Ort, auf dem ich stehen kann, und ich bewege die Erde."

Die archimedische Schraube

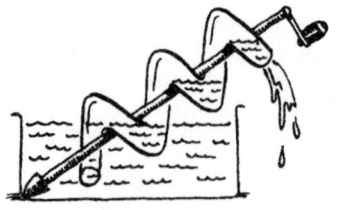

Wenn man dieses schlangenförmige Rohr dreht, fließt das Wasser scheinbar bergauf!

Der Sandrechner

Ein Mega-Zahlensystem. Damals gab es noch keine gute Methode, große Zahlen aufzuschreiben; also erfand er eine. Sie gründet auf der Myriade, was 10 000 bedeutet. Er nahm eine Myriade Myriaden eine myriade-myriaden-mal mit sich selbst mal (heraus kam eine sehr hohe Zahl) und multiplizierte das wiederum eine myriade-myriaden-mal miteinander. Und das konnte er dann sehr kurz notieren. Er bewies so, dass man jede Zahl in knappster Form niederschreiben kann. So berechnete er die Zahl der Sandkörner der Welt mit 10^{51}!

Riesige Katapulte

Die Stadt Syrakus wehrte auch damit angreifende römische Armeen ab.

Eine Sonnenstrahlenpistole!

Angeblich hat Archimedes Spiegel so aufgestellt, dass sie Sonnenstrahlen bündelten, sie auf feindliche Boote richteten, und diese dadurch entzündeten!

Archimedes geht baden

Trotz all seiner Meisterleistungen ist Archimedes wohl vor allem für eins berühmt geworden: Er sprang aus seiner

Badewanne, lief splitternackt auf die Straße und schrie: „Heureka!"

„Heureka" bedeutet übrigens: „Ich hab's!" Doch was hatte er? Weißt du noch? Am Anfang dieses Buches hast du die Badewanne bis zum Rand gefüllt und bist hineingestiegen – genau, darum geht es hier.

Der König hatte vermutet, seine neue Krone sei nicht aus reinem Gold, hatte aber nicht gewusst, wie er das beweisen konnte. In der Badewanne kam Archimedes die Erleuchtung: Wenn ein Körper in einem mit Wasser gefüllten Gefäß liegt, ist das Volumen des übergelaufenen Wassers gleich dem Volumen des Körpers (Gesetz des Auftriebs). Wenn er also die Krone ins Wasser legen würde, würde er feststellen, ob sie weniger Wasser verdrängt als reines Gold gleichen Gewichts. Dann hätte man statt Gold das billigere und leichtere Silber verwendet. Ein guter Einfall für Archimedes, aber vermutlich schlecht für den Goldschmied!

Da er nun mal in der Badewanne lag, fand Archimedes noch viel mehr darüber heraus, wie und warum Körper schwimmen oder untergehen. Hätte er nicht gern gebadet, sondern lieber geduscht, hätten wir vielleicht niemals Ozeandampfer oder Unterseeboote bauen können!

Der Triumph der Kugel

Für Archimedes war seine persönliche Bestleistung nicht etwa das tödliche Katapult oder die schlaue Hebelmaschine, sondern diese winzige kleine Gleichung:

$$Vs = {}^4/_3 \pi r^3$$

Mit dieser Gleichung rechnest du den Flächeninhalt einer Kugel aus. Eine Kugel ist ein ganz runder Körper, wie ein Ball. Das kleine „r" in der Gleichung steht für den Kugelradius, also den Abstand zum Mittelpunkt. Das sonderbare kleine „π" heißt „Pi" und entspricht ungefähr 3,14.

Archimedes bewies, dass eine Kugel genau zwei Drittel so groß ist wie der kleinste Zylinder, in den sie hineinpasst. Mit anderen Worten: Wenn du einen Ball hast, der gerade eben in eine Dose mit Deckel passt, dann nimmt der Ball genau $^2/_3$ des Raums in der Dose ein.

Archimedes war so stolz auf diese Entdeckung, dass man eine Kugel in einem Zylinder auf seinem Grabstein verewigte.

Trotz all der archimedischen Waffen für die Verteidigung der Stadt gelang es den Römern eines Nachts, Syrakus zu erobern. Viele Menschen wurden ermordet, doch der römische Feldherr Marcellus hatte angeordnet, den 75-jährigen Archimedes zu verschonen. Dummerweise traf ihn ein hitzköpfiger Soldat an, als er gerade im Sand Zeichnungen machte. Archimedes verärgerte ihn mit den Worten: „Störe meine Kreise nicht." Der Soldat, der nicht wusste, wen er vor sich hatte, tötete ihn.

Das dicke Ende

Obgleich Archimedes in Sizilien lebte und in Ägypten studiert hatte, war er eigentlich Grieche. Nach seinem Tod rissen die Römer das griechische Reich an sich, und die Mathematik kam langsam aus der Mode. Ein paar Leute fanden sie noch immer toll, wurden aber nicht mehr besonders unterstützt und auch die Anhänger blieben aus. Zu den Letzten gehörte eine kluge Frau namens Hypatia, die um 400 n. Chr. vor riesigen Zuschauermengen sprach.

Wenn sieben Löwen 30 Christen fressen, wie viele bleiben übrig?

Ich sage ihr immer: Hypatia, du verärgerst die Christen!

Zu ihrem Pech hielten die Christen sie für eine Ketzerin. Und so wollten sie ihre Fans ein bisschen einschüchtern. Eines Tages wurde sie von ihrem Wagen gezerrt und in die Kirche geschleppt, wo „ihr die Haut mit Muschelschalen abgezogen und die Gliedmaßen den Flammen übergeben wurden".

Du hast nie gewusst, dass Mathelehrer so gefährlich leben, oder?

Die Mathemafia

Einer der letzten griechischen Mathematiker war Diophantos, der später den Spitznamen „Vater der Algebra" erhielt. Die Algebra stellt spezielle Matherätsel, bei denen du geheime Zahlen entschlüsseln musst. Die geheimen Zahlen werden mit Buchstaben umschrieben (x ist besonders beliebt). Einige Rätsel sind ganz einfach, andere mordsmäßig kompliziert.

Hier sind ein paar Algebra-Gleichungen und ihre Namen. Keine Panik! Du brauchst sie nicht zu lösen, es sei denn, du bestehst darauf.

*Nein danke, lieber esse ich eine Schnecke

- Eine ganz einfache Algebragleichung: $x = 6 + 2$
Das ist eine *lineare* Gleichung. Klar, x ist gleich acht!
Kinderleicht!

- Etwas schwieriger: $2x^2 + 3x = 27$
Das x^2 bedeutet, dass es sich um eine *quadratische*
Gleichung handelt.

- Viel schwieriger: $5x^3 + 7x^2 + 2x = -16$
Das x^3 heißt: Die Gleichung ist *kubisch*.

- Hilfe! $3x^4 - 5x^3 + 9x^2 + 2x = 43$
Das x^4 sagt dir: Diese Gleichung ist *biquadratisch*.

- Totale Hirnzersetzung: $3x^5 + 41x^4 - 2x^3 - x^2 + 7x = 3$
Das x^5 bedeutet: „Würg – ich glaube,
ich muss mich übergeben!"

Würg!

Über 1 000 Jahre nach dem Tod von Diophantos wurde Algebra in Italien ein echter Hit. Ein paar fiese Typen, zum Beispiel Halsabschneider und Kartenbetrüger, brachen alle Rekorde und lösten immer kompliziertere Algebrapuzzles. Sie gaben gern in Wettkämpfen mit ihrem Scharfsinn an, und häufig wurde viel Geld auf den gesetzt, von dem man am ehesten glaubte, er könne die Aufgaben lösen – genau wie heute beim Boxen.

Ein spannender Wettkampf fand zwischen einem Mann namens Fior und einem anderen statt, der den Spitznamen „Tartaglia" trug. Das heißt „Stotterer" – und war nicht verwunderlich: Als Kind hatte ihm jemand ein Schwert durch den Mund gestoßen! Sie lieferten sich gegenseitig ein paar knifflige Gleichungen, und schließlich gewann der stotternde Tartaglia. Er nahm nicht nur das Geld mit, sondern hatte auch eine pfiffige Methode für die Lösung einer ganzen Reihe von komplizierten Algebragleichungen gefunden (der kubischen).

Bald darauf trat Girolamo Cardano auf ihn zu, eine zwielichtige Gestalt. Er war unter anderem Astrologe, Arzt, Autor, Spieler, Freund des Papstes und Vater eines Mörders. Cardano beschwatzte Tartaglia, ihm die geheime Methode zu verraten, machte sich flink davon und veröffentlichte sie in einem Buch. In diesem Buch fand sich auch der von

Lodovico Ferrari entwickelte Lösungsansatz für die noch komplizierteren biquadratischen Gleichungen.

Endlich ein langweiliger Mathematiker?

Bislang waren alle, die mit Mathematik zu tun hatten, ziemlich coole Typen oder in zweifelhafte Geschäfte verwickelt oder beides. Nun sind wir soeben auf Lodovico Ferrari gestoßen, den Mann, der die biquadratischen Gleichungen knackte.

Um biquadratische Gleichungen zu verstehen, braucht man eine gewaltige Gehirnmasse, und um sie zu lösen noch mal so viel. Du wirst daher denken, Lodovico Ferrari wäre ein ernsthafter kleiner Bursche mit einem dünnen Schnauzer gewesen, der gern mit Tantchen einkaufen ging.

Falsch! Lodovico trank, spielte, fluchte und prügelte sich. Zuletzt wurde er von seiner eigenen Schwester vergiftet.

Lodovicos letzte Worte

Die $4x^4-5x^3+8x^2+x$-Nudeln haben komisch geschmeckt!

Noch ein paar komische Käuze

Es gab noch zig schräge Vögel, die berühmte Mathematiker waren. Kennst du das Buch *Alice im Wunderland*? Es ist brillant und komisch, aber auch ein bisschen sonderbar! Geschrieben hat es ein Mann, der sich Lewis Carroll nannte, doch in Wirklichkeit hieß er Charles Dodgson und war Mathematiker an der Universität Oxford. Sein Spezialgebiet war die Logik, und er starb vor rund 100 Jahren. (Vielleicht hast du schon vom Hutmacher und vom Schnapphasen gehört oder von der Herzkönigin, die mit Flamingos Krocket spielt und ständig ruft: „Kopf ab ...!" Lewis Carroll dachte sich das aus!)

Oder wie wär's mit dem französischen Teenager Évariste Galois? Kurz bevor er im Alter von 20 Jahren starb, kritzelte er ein paar Algebratheorien hin, die er sich ausgedacht hatte. Erst Jahre später erkannten die Leute, dass er ein Mathe-Superstar war. Allerdings war er bei Prüfungen durchgefallen, hatte Lehrern widersprochen und war wegen Drohungen gegen den König eingesperrt worden. Im Jahr 1832 starb er bei einem Duell um eine Frau – ein weiterer ermordeter Mathematiker.

Als der Freund meiner Freundin im Duell starb, bekam sie einen Liebesbrief ... und wie nennst du das hier?

$$\frac{x^2 - 3y}{2} = 2$$

Die Liste der schrägen Typen in der Mathematik ist endlos (nimm nur den amerikanischen Professor, der nur nachdenken kann, wenn er mit der U-Bahn durch die Gegend fährt!). Wenn wir sie alle aufzählen wollten, wäre dieses Buch ziemlich eintönig, also lass uns etwas anderes machen.

Die Rettung (Fortsetzung)

Auf Burg Rechenstein ereigneten sich unterdessen schreckliche Dinge. Hoch oben im Turm war Prinzessin Laplace gefangen. Man zwang sie bis in alle Ewigkeit zu zählen. Das lief alles andere als gut ...

„... Dreihundertneununddreißig Millionen vierhundertachtundzwanzigtausendneunhundertneunundfünfzig. Dreihundertneununddreißig Millionen vierhundertachtundzwanzigtausendneunhundertsechzig. Dreihundertneununddreißig Millionen vierhundertachtundzwanzigtausendneunhunderteinundsechzig ..."

Arme Prinzessin, sie hatte eben erst angefangen. Unten blickten die wackeren Vektorkrieger verwirrt um sich.

Dreihundertneununddreißig Millionen vierhundertachtundzwanzigtausendneunhundertzweiundsechzig ...

seufz

„Wir hören ihre Stimme", sagte der Feldwebel, „aber wir wissen nicht, woher sie kommt."

„In der Nachricht ist ein rautenförmiges Fenster erwähnt", sagte der Oberst.

„Welches ist das?", fragte der Feldwebel. „Jedes hat eine andere Form."

Sie drehten sich zu Thag um und blickten ihn fragend an.

„Sind Sie sicher, dass Sie sich eine 15. Rate leisten können?", fragte der.

„Natürlich, es geht doch nur um Pfennige, Mann!", erwiderte der Oberst.

„Also gut", sagte Thag. „Eine Raute ist eine Form mit vier gleich langen Seiten."

Die Krieger blickten sich um und sahen sich die Fenster an.

„Sie meinen ein Quadrat", sagte der Oberst, der ein großes quadratisches Fenster am Fuß des Turms entdeckt hatte. „Das hat vier gleich lange Seiten."

„Ja, ein Quadrat ist so was Ähnliches wie eine Raute", gab Thag zu, doch ehe er weitersprechen konnte, hatte sich der Oberst seinen Männern zugewandt.

„Das ist es, Männer!", rief er. „Befreiungskommando – *Angriff*!"

„*Tarah – tarah*", riefen die wackeren Vektorkrieger und warfen sich gegen das quadratische Fenster.

„Aua", schrien sie gleich darauf, als sie ein starker Strahl Differenzialrechnungen traf – die tödlichsten, die in der Mathematik je erfunden wurden.

„So ein Schurke!", murmelte der Oberst. „Baron Rechenstein hat das rautenförmige Fenster mit einer Sprengladung gesichert!"

99

„Keine Sorge", sagte Thag. „Ein Quadrat ist nur eine Art von Raute." Dabei hob er vier Stöckchen auf und fügte sie zu einem Quadrat zusammen.

„Wenn alle vier Seiten gleich lang sind, muss es ein Quadrat sein", brummte der Oberst.

„Nein, muss es nicht", sagte Thag und schob zwei gegenüberliegende Ecken seines Modells aufeinander zu. „Wie sieht das hier aus?"

„Wie ein Karo!", sagte der Oberst. „Sie haben Recht, die Seiten sind noch immer gleich lang! Wir haben am falschen Fenster angegriffen!"

„Hurra!", schrien die Vektorkrieger, weil es ihnen nach Jubeln war, wenn auch etwas kraftlos.

„Ich sehe das Karofenster", sagte der Feldwebel, „aber es ist an der Spitze des Turms."

„Geht und borgt euch eine Leiter", sagte der Oberst.

„Wie lang?", fragte der Feldwebel.

„Nur für den Nachmittag", antwortete der Oberst.

„Nein", sagte der Feldwebel verwirrt, „ich meine, wie lang soll die Leiter sein?"

„Keine Ahnung", erwiderte der Oberst. „Wir müssten wissen, wie hoch der Turm ist, doch wir haben nur ein Maßband."

„Ich halte es unten fest, und Sie klettern mit dem Maßband die Wand hoch", rief einer der Krieger. Wildes Gelächter brach aus, denn die Vektorkrieger haben einen ziemlich seltsamen Humor.

„Ich weiß, wie Sie die Turmhöhe rauskriegen", sagte Thag, der Mathemagier, „aber …"

„Ich weiß, ich weiß, das kostet eine 16. Rate", warf der Oberst ein.

„Sind Sie *wirklich* sicher, dass Sie sich das leisten können?", fragte Thag.

„Pah – es geht doch nur um Pfennige!", sagte der Oberst. „Aber können Sie wirklich Wände hochklettern?"

„Das ist nicht nötig." Thag grinste.

Fortsetzung folgt …

So schlägst du den Taschenrechner

Bitte eine Freundin oder einen Freund mit Taschenrechner, eine dreistellige Zahl einzugeben und sie dir zu sagen. Dann muss sie oder er …

- die Zahl mit 7 malnehmen,
- das Ergebnis mit 11 malnehmen,
- das Ergebnis mit 13 malnehmen.

Egal, wie schnell sie oder er ist – du hast das Ergebnis schneller auf dem Papier!

Du schreibst einfach die Ausgangszahl zweimal hintereinander auf. Wenn ihr also mit 838 angefangen habt, schreibst du: 838 838 – und hast das Ergebnis!

DAS ZAUBERQUADRAT

Mit Zahlen kannst du alle möglichen tollen Tricks machen.
Das Zauberquadrat zählt zu den ältesten.

Für den Anfang hier erst mal ein ganz einfaches
Zauberquadrat:

8	1	6
3	5	7
4	9	2

Die Zahlen 1–9 sind so angeordnet, dass in jeder geraden
Reihe beim Zusammenzählen der Zahlen das gleiche Ergeb-
nis herauskommt: 15. Das gilt für alle drei horizontalen
Reihen, für die drei vertikalen und die beiden diagonalen.
Und hier kommt ein noch besseres Zauberquadrat:

8	11	14	1
13	2	7	12
3	16	9	6
10	5	4	15

In diesem Quadrat stehen die Zahlen von 1–16, und die
  Zauberzahl ist die 34. Du kommst auf 34, wenn du …
• die vier Zahlen jeder geraden Reihe (horizontal, vertikal
  oder diagonal) zusammenzählst
• oder die vier Eckzahlen addierst

- oder die vier mittleren Zahlen zusammenzählst
- oder das Quadrat in vier kleine Quadrate aufteilst und jeweils die Zahlen addierst (Beispiel: Beim unteren linken Quadrat hieße das 3 + 16 + 10 + 5 = 34.)
- oder die vier mittleren *und* die vier Eckzahlen entfernst und die Zahlen rechts und links (13 + 3 + 12 + 6) oder oben und unten (11 + 14 + 5 + 4) zusammenzählst. Was kommt raus?

Das Zauberquadrat ist so großartig, weil du die 34 nicht unbedingt als Zauberzahl brauchst. Du kannst dir dein eigenes Zauberquadrat mit deiner ganz persönlichen eigenen Wunschzahl basteln. Sieh dir doch dieses Quadrat noch einmal einen Moment an.

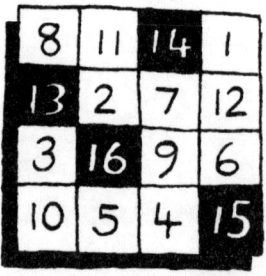

In den schwarzen Kästchen siehst du die vier *Schlüsselzahlen*. Wenn du eine andere Zauberzahl haben möchtest, brauchst du ganz einfach nur diese Schlüsselzahlen zu ändern!

Angenommen, deine Zauberzahl soll die 25 sein. 25 ist 9 weniger als 34, also brauchst du nur von jeder der vier Schlüsselzahlen 9 abzuziehen und das Quadrat so neu zu schreiben:

8	11	5	1
4	2	7	12
3	7	9	6
10	5	4	6

Schon hast du's! Jede Zahlenreihe und -kombination ergibt jetzt 25!

Wenn du eine Geburtstagskarte schreiben willst, kannst du dir ein Zauberquadrat ausdenken, bei dem das Lebensalter des Geburtstagskindes herauskommt! Deine Urgroßmutter wird 103 Jahre alt? 103 ist 69 mehr als 34, also zählst du zu jeder der vier Schlüsselzahlen 69 dazu.

105

Und hier ein ganz spezielles Zauberquadrat!

96	11	89	68
88	69	91	16
61	86	18	99
19	98	66	81

Alle üblichen Kombinationen der vier Zahlen ergeben 264. *Allerdings* – drehe das Quadrat um. Was geschieht?

Und zum Schluss ein Riesen-Quadrat mit allen Zahlen von 1–25. Jede gerade Reihe ergibt 65. Prüf's doch nach!

17	24	1	8	15
23	5	7	14	16
4	6	13	20	22
10	12	19	21	3
11	18	25	2	9

In der Kürze liegt die Würze

Leute, die auch ohne Taschenrechner rechnen können, wirken immer cool. Möchtest du auch gern dazugehören?

Mal sehen – das macht 36 584,6

Wir sind deiner unwürdig, oh Meister.

Du musst einfach wissen, dass sich viele Rechenwege abkürzen lassen. Sieh dir die folgenden Abkürzungen an – gleich ist Mathematik nicht mehr so unberechenbar!

Mal 10

Die *schnellste* Abkürzung nimmst du, wenn du eine ganze Zahl mit 10 malnehmen musst. Dann fügst du rechts einfach eine „0" hinzu!

$$3\,785 \times 10 = 37\,850$$

Wenn du mit 100 multiplizierst, hängst du „00" an.

$$4\,558\,566\,385\,465 \times 100 = 455\,856\,638\,546\,500$$

Genauso einfach ist es, mit 1 000 oder 10 000 oder sogar 1 000 000 000 zu multiplizieren. Du hängst einfach die entsprechende Zahl der Nullen hinten an.

Allerdings funktioniert das nur bei ganzen Zahlen. Wenn du eine Dezimalzahl, z. B. 6,247 hast, verschiebst du das Komma nach rechts. Das ist auch simpel!

Also: $6,247 \times 10 = 62,47$ oder $6,247 \times 100 = 624,7$

Mal 99 oder mal 9

Ist es nicht nervig, dass so viele Sachen im Laden 99 Pfennig kosten? Stell dir vor, du willst 13 Bücher zu je 99 Pfennig kaufen. Was kosten sie insgesamt?

Zunächst musst du dir klarmachen, dass 99 Pf 100 Pf – 1 Pf entspricht. Absolut kinderleichte Sache! 13 × 100 Pf = 13 DM. Davon ziehst du 13 Pf ab und kommst auf 12,87 DM!

$$13 \times 99 = (13 \times 100) - (13 \times 1) = 1300 - 13 = 1\,287$$

Ganz ähnlich multipliziert man mit 9, nur entspricht das 10 – 1. Stell dir vor, du musst 67 × 9 ausrechnen. Das entspricht 670 – 67, und schon kommst du auf 603.

Mal 5 oder mal 25

Um eine Zahl mit 5 zu multiplizieren, nimmt man mal 10 und teilt dann durch 2.
$$377 \times 5 = 3\,770 \div 2 = 1\,885$$
Mit 25 zu multiplizieren ist auch nicht schwer! Du nimmst nur mit 100 mal und teilst dann durch 4.
$$143 \times 25 = 14\,300 \div 4 = 3\,575$$

Welcher Teiler passt?

Manchmal ist es hilfreich zu wissen, ob sich eine Zahl glatt und ohne Rest durch eine andere teilen lässt.

10

Zehn ist am einfachsten! Jede Zahl, die eine 0 am Ende hat, lässt sich durch zehn teilen. Du streichst nur die Null weg!

2

Auch die Zwei ist problemlos. Jede *gerade* Zahl (also jede Zahl, die mit 2, 4, 6, 8 oder 0 endet), lässt sich durch 2 teilen.

5

Die Fünf ist auch nicht schwierig. Jede Zahl, die auf 0 oder 5 endet, ist durch 5 teilbar.

3

Die Drei macht richtig Spaß! Zähle alle Ziffern einer Zahl zusammen. Wenn die Summe (Quersumme) durch 3 teilbar ist, dann ist es die Zahl auch! Mal sehen, ob 7 845 durch 3 teilbar ist.

Nimm die Quersumme: $7 + 8 + 4 + 5 = 24$. Lässt sich 24 wohl durch 3 teilen? Rechne wieder die Quersumme aus: $2 + 4 = 6$

Jawohl! Also ist 7 845 durch 3 teilbar!

9

Die Neun funktioniert so wie die 3. Wenn sich die Quersumme durch 9 teilen lässt, dann ist die Zahl auch durch 9 teilbar!

Ist 15 673 durch 9 teilbar?

Nimm die Quersumme: $1 + 5 + 6 + 7 + 3 = 22$

O je! 22 kann man *nicht* durch 9 teilen, also 15 673 auch nicht.

6

Da 6 = 3 × 2 ist, musst du zwei Dinge überprüfen: Ist die Zahl durch 2 teilbar? Ist sie durch 3 teilbar? Wenn du beide Fragen mit Ja beantworten kannst, kannst du die Zahl durch 6 teilen!

4

Nimm die letzten beiden Ziffern der Zahl. Lässt sich die neue Zahl durch 2 teilen? Wenn ja, dann tu es. Wenn das Ergebnis wieder durch 2 teilbar ist, dann lässt sich die ganze Zahl auch durch 4 teilen.

Ist 23 855 632 durch 4 teilbar?

Nimm die 32 und teil sie durch 2. $32 \div 2 = 16$

Da sich die 16 wieder durch 2 teilen lässt, ist 23 855 632 auch durch 4 teilbar.

Der richtige Riecher

Klasse ist es, wenn du im Gefühl hast, ob ein Ergebnis richtig ist. Dadurch machst du weniger Fehler, besonders beim Multiplizieren. Vielleicht verhinderst du dadurch auch, dass man dich beim Einkaufen übers Ohr haut! Hier sind ein paar Tipps ...

1. Das Ergebnis kann nur ungerade sein, wenn beide Ausgangszahlen ungerade sind.

   $3 \times 7 = 21$

2. Wenn eine der Zahlen die Endziffer 5 hat, hört das Ergebnis immer mit 5 oder 0 auf.

   $13 \times 5 = 65 \quad 22 \times 35 = 770$

   Umgekehrt kann ein Ergebnis nur dann die Endziffer 5 haben, wenn eine der Ausgangszahlen sie auch hat. Tutto capito?

3. Wenn eine Ausgangszahl die Endziffer 1 hat, dann endet das Ergebnis so wie die andere Ausgangszahl.

   $471 \times 28 = 13188$

   (28 endet mit einer 8, also auch das Ergebnis.)

4. Sieh dir die Ergebnisse an und überprüfe, ob sie nicht zu viele oder zu wenige Stellen haben! $23 \times 49 = 87$: Dieses Ergebnis ist deutlich zu niedrig. Und wie steht es denn mit $17 \times 6 = 9\,820$? Hier ist das Ergebnis zu hoch.

Guck dir die folgenden Aufgaben an, rechne sie aber nicht aus! Rate einfach, welches Ergebnis stimmt. Du wirst erstaunt sein, wie leicht dir das mit ein bisschen Übung fällt!

$37 \times 28 = 91$ oder 1036 oder 743

$100 \times 28 = 2\,880$ oder $28\,000$ oder $2\,800$

$99 \times 99 = 9\,801$ oder $9\,999$ oder $9\,99$

$7 \times 13 = 178$ oder 98 oder 91

$21 \times 33 = 691$ oder 692 oder 693

Überprüf deine Ergebnisse auf dem Taschenrechner!

Wenn du wirklich gut werden willst, forderst du am besten jemanden heraus. Gebt euch gegenseitig Gleichungen mit mehreren möglichen Ergebnissen. Wer die meisten Aufgaben am schnellsten löst, wird Zahlenknuspermeister. Das Gute dabei ist: Je öfter du das machst, desto besser wirst du!

Und zuletzt: Ein Umweg!
7

Wenn du wissen willst, ob eine Zahl durch 7 teilbar ist, dann ist dieser Weg zwar kompliziert, aber irre geheimnisvoll!
* Schreibe die Zahl auf, z.B. $3\,976$
* Lass die letzte Ziffer weg: 397

- Nimm den Rest mal 3, also $397 \times 3 = 1\,191$
- Zähle die letzte Ziffer zum Ergebnis hinzu: $1191 + 6 = 1197$
  Ist das durch 7 teilbar?

Mache alles noch mal!

- $119 \times 3 = 357$
  Addiere die 7 = 364: Ist das durch 7 teilbar?
- $36 \times 3 = 108$
  Addiere die 4 = 112: Ist das durch 7 teilbar?
- $11 \times 3 = 33$
- Addiere die 2 = 35: Ist das durch 7 teilbar?
  $3 \times 3 = 9$
- Addiere die 5 = 14: Ist das durch 7 teilbar?
  $1 \times 3 = 3$
- Addiere die 4 = 7, JAAA!

Also lässt sich 3 976 durch 7 teilen. Schneller wäre es allerdings, es einfach zu probieren!

Das Märchen geht weiter

„Also gut, Sie bekommen Ihre 16. Zahlung. Aber wie wollen Sie die Höhe des Turms messen?", fragte der Oberst.

„Ich brauche dazu nur ein gerades Stöckchen", grinste Thag verschmitzt. „Hoffen wir, dass die Sonne nicht verschwindet."

Die wackeren Vektorkrieger sahen aufmerksam Thag zu, wie er das Stöckchen aufrecht in den Boden steckte. Sie fragten sich, was der Sonnenschein mit der Turmhöhe zu tun hatte.

„Nun messen wir die Höhe des Stöckchens", sagte Thag.

„Aber die Prinzessin ist doch nicht oben auf dem Stöckchen", warf ein Vektorkrieger ein. Die anderen kicherten zwar, fanden aber, dass der Einwand eigentlich nicht so dumm war.

„Und jetzt", sagte Thag, „warten wir, bis der Schatten des Stöckchens so lang ist wie das Stöckchen hoch."

Also warteten sie alle. Die Sonne sank ein wenig, und der Schatten, den das Stöckchen warf, wurde länger. Von weitem konnten sie hören: „... dreihundertneununddreißig Millionen vierhundertachtundzwanzigtausendneunhundertvierundachtzig ...“

„Jetzt!“, schreckte Thag plötzlich alle auf. „Der Schatten des Stöckchens ist genauso lang wie das Stöckchen hoch.“

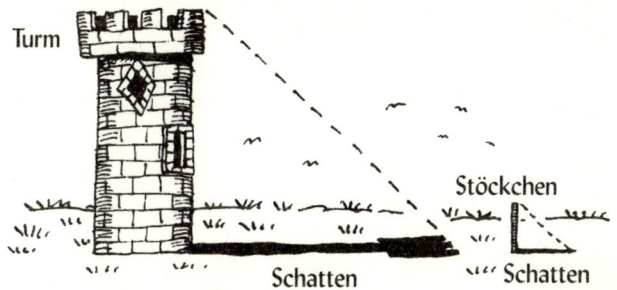

„Hurra!“, schrien die Krieger und taten so, als verstünden sie, was daran so toll war.

„Schnell, messt den Schatten des Turms“, sagte Thag.

„Der Schatten ist 30 Meter lang“, lautete das Ergebnis.

„Dann ist 30 Meter auch die Höhe des Turms“, sagte Thag.

„Woher wissen Sie das?“ Der Oberst rang nach Luft.

„Ganz einfach“, sagte Thag. „Wenn der Schatten des Stöckchens so lang ist wie das Stöckchen hoch, dann muss der Schatten des Turms so lang sein wie der Turm hoch.“

„Warum?“, feixte der Oberst misstrauisch.

„Gleichschenkliges Dreieck“, antwortete Thag.

„Klar“, sagte der Oberst, der sich fragte, um welche Dreiecke es ging.

„Betrachten Sie es mal anders“, sagte Thag. „Wenn das Stöckchen einen Meter hoch wäre, und der Schatten hätte die gleiche Länge, dann wäre er einen Meter lang, richtig?“

„Richtig!“, riefen alle Krieger im Chor.

113

„Wenn das Stöckchen doppelt so lang wäre, dann wäre der Schatten auch doppelt so lang, richtig?"

„Richtig!", erscholl es wieder im Chor.

„Und wenn das Stöckchen 30 Meter lang wäre, dann wäre sein Schatten 30 Meter lang, richtig?"

„Richtig!", grölten die Krieger begeistert. Sie liebten einfache Refrains.

„Doch statt eines 30 Meter langen Stöckchens haben wir einen 30 Meter hohen Turm, richtig?"

„Richtig!", sangen alle Krieger bis auf den Oberst. Der war ein bisschen besorgt, weil sich das 30 Meter lange Stöckchen plötzlich in einen massiven Turm aus Stein verwandelt hatte; er beschloss, das jedoch für sich zu behalten.

Bald lehnte eine Leiter am Turm.

„Also", sagte der Oberst. „Wer möchte die Ehre haben, die Prinzessin zu retten?"

Die 30 Meter hohe Leiter sah sehr lang und wackelig aus.

„Nun, Freunde?", hakte er nach. „Nicht so schüchtern!"

„Ich muss zu meiner Mami zum Essen", sagte ein Krieger.

„Ich bin allergisch auf Leitersprossen", sagte ein anderer.

„Ich hab mir gerade die Haare gewaschen", sagte ein dritter.

Dem Oberst stand die Verzweiflung im Gesicht. „Also Jungs, ihr wisst, dass ich selber gehen würde, wenn ich keine kaputten Knie hätte", sagte er.

„Ich habe auch Pudding in den Knien", rief eine Stimme.

„Im Ernst: Ich biete demjenigen, der hinaufgeht, eine Prämie von 50 Mark."

Die Krieger blickten noch einmal die Leiter hinauf. 50 Mark war eine Menge Geld, aber 30 Meter war auch eine Menge Leiter.

Der Oberst wandte sich an Thag. „Wie wär's mit Ihnen?", fragte er.

„Das kostet eine 17. Rate", sagte Thag.

„Ist das alles?", fragte der Oberst. „Ich hätte Ihnen 50 Mark geboten!"

„Machen wir's so", sagte Thag. „Sie haben die Wahl: Geben Sie mir lieber die 17. Rate oder 50 Mark?"

„Die 17. Rate natürlich", lachte der Oberst. „Da geht's doch nur um Pfennige!"

Thag biss die Zähne zusammen und begann, die Leiter hinaufzusteigen.

Fortsetzung folgt …

MATHE IST MAGIE

Um Himmels willen! Ein Zaubertrick in einem Mathebuch?
Geht es vielleicht darum …
- deinen Lehrer in eine Melone zu verwandeln?

- das Sofa verschwinden zu lassen?

- dir 1 000 Mark aus der Nase zu ziehen?

Nein, viel besser: Hier kommt der verblüffende Oben-unten-Kartentrick!
    Er ist ein waschechter Zaubertrick, denn:
- Er verblüfft jeden, der dieses Buch nicht gelesen hat.
- Er ist kinderleicht.
    Du brauchst nur ein Kartenspiel, ein großes Tuch, z. B. ein

Handtuch, einen Tisch und einen Freund: das Opfer. Und so geht's ...

1 Du mischst die Karten. Falls dir dabei ein paar auf den Boden fallen, bleibst du cool und kümmerst dich einfach nicht darum. (Das wird dein Gegenüber noch mehr verwirren!) Du legst die Karten umgedreht auf einen Stoß auf den Tisch. Wenn du sicher bist, dass dein Opfer macht, was du ihm sagst, ohne zu schummeln, kannst du mit geschlossenen Augen arbeiten!

2 Sag deinem Opfer, du hast eine Zauberzahl, die 13. Bitte es, 13 Karten vom Stoß abzuheben und das Bild nach oben zu drehen.

3 Bitte dein Opfer, die Karten eine nach der anderen wahllos in den Stoß zurückzustecken. In dem Stapel sind nun umgedrehte und offene Karten. Danach darf dein Opfer die Karten mischen (aber keine Karte umdrehen).

4 Bitte dein Opfer, 13 Karten vom Stoß abzuheben, ohne sie umzudrehen. Es soll sie in einem gesonderten Stoß hinlegen und mit dem Tuch abdecken. Falls du deine Augen geschlossen hattest, kannst du sie jetzt öffnen.

5 Sage deinem Opfer, dass du jetzt, *ohne hinzusehen*, einige der Karten unter dem Tuch umdrehst. Du gehst mit den Händen unter das Tuch und sprichst einen Zauberspruch. (Geh sicher, dass du einen falschen Zauberspruch verwendest. Wenn du einen echten erwischst, verwandelst du dein Opfer womöglich in einen Wackelpudding – das wäre etwas peinlich.)

6 Nimm das Tuch weg. Die 13 Karten bleiben liegen.

7 Und jetzt kommt die Zauberei: Bitte dein Opfer, sich die beiden Stöße anzusehen. Es wird feststellen, dass in beiden die gleiche Anzahl offener Karten ist!

1. Mischen

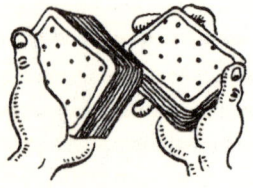

2. 13 Karten abheben und umdrehen

3. Karten zurück-stecken und mischen

4. 13 Karten abheben

5. Karten unter dem Tuch umdrehen

6. Tuch wegnehmen – Simsalabim!

Dieser Trick ist so wahnsinnig geheimnisvoll, weil du die Karten kaum berührt hast und sie nicht einmal anzusehen brauchtest!

Dein Opfer wird sich fragen, woher du gewusst hast, wie viele umgedrehte Karten im ersten Stoß übrig geblieben sind, und natürlich vor allem, wie du es, ohne hinzusehen, geschafft hast, im kleinen Stoß die gleiche Anzahl zu bekommen.

Also, wie hast du es denn nun gemacht? Als du mit den Händen unter das Tuch gegriffen hast, hast du einfach den *gesamten* Stoß von 13 Karten umgedreht. Das ist alles! Dabei macht es besonders viel Spaß, so zu tun, als wäre es wirklich kompliziert. Wenn du eine Grimasse schneidest, als müsstest du dich beim Fühlen der Karten unheimlich konzentrieren, wird dein Opfer noch Stunden später die Karten anfassen, um herauszufinden, wie du das gemacht hast. Haha!

Dein Opfer versucht wahrscheinlich ohnehin verzweifelt, hinter deinen Trick zu kommen. Doch nun kommt noch etwas *wirklich* Tolles. Dreh alle Karten mit dem Bild nach unten, mische sie und wiederhole den Trick – aber diesmal darf sich dein Opfer eine Zauberzahl aussuchen. (Mit den Zahlen zwischen 9 und 15 geht es am besten. Es klappt mit jeder Zahl, wird allerdings mit einer Zahl über 20 etwas langweilig.) Statt mit 13 machst du also den Trick mit der Wunschzahl deines Opfers noch mal.

Wie funktioniert es?

Am einfachsten lässt sich der Trick mit simpler Algebra erklären. Wenn du mit Algebra bisher noch nichts zu tun hattest, denkst du vielleicht „Igitt", aber Algebra ist wirklich wahnsinnig praktisch, um komplizierte Dinge ohne viele Worte oder wilde Gesten zu erklären. (Guck dazu auch noch mal Seite 93 an.)

Nimm dir ein Kartenspiel und mache den Trick so:

• Heb 13 Karten ab, dreh sie mit dem Bild nach oben, schieb sie wieder unter und misch die Karten.

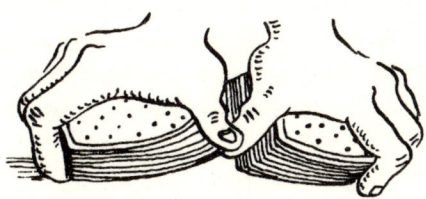

- Heb die obersten 13 Karten ab und sieh sie dir an. Einige der Karten dieses kleinen Stapels liegen mit dem Bild nach oben. Zähle sie.
- Sagen wir, in deinem kleinen Stoß lagen 4 Karten offen. Das bedeutet, in dem großen Stoß müssen noch 9 offene Karten sein. (Denn du hattest insgesamt 13 Karten mit Bild nach oben, und 4 davon sind nun in dem kleinen Stoß. $13 - 4 = 9$.)
- Sieh dir jetzt die 13 Karten noch einmal an. Wenn 4 davon offen waren, dann muss der Rest umgedreht sein. Also sind 9 Karten umgedreht.
- Wenn du den kleinen Stoß umdrehst – was hast du dann?

Deine 4 offenen Karten sind umgedreht und deine 9 umgedrehten offen!
- Demnach hast du am Ende 9 offene Karten in deinem kleinen Stoß, also ganz genau die gleiche Anzahl wie im großen Stoß!

Jetzt sehen wir uns mal an, wie die Zahl 9 zu Stande kam: Wir ziehen immer 4 von 13 ab. Statt 9 könnten wir auch immer 13 minus 4 oder $(13 - 4)$ schreiben. Wir stellen kleine Gleichungen wie $(13 - 4)$ in Klammern, um klarzumachen, dass wir eine Zahl meinen. Die Leute könnten sonst denken, es handle sich um ein Fußballergebnis oder so etwas Ähnliches.
Lass uns die Schritte noch mal ansehen ...

- Heb 13 Karten von dem Stoß ab, dreh sie mit dem Bild nach oben, schieb sie dann wieder unter und misch sie gut durch.
- Heb wieder 13 Karten ab und sieh sie dir an. Ein paar Karten in diesem kleinen Stoß sind umgedreht. Wie viele?
- Nimm an, 4 Karten sind umgedreht. Das heißt, dass in dem großen Stoß noch (13 − 4) Karten mit dem Bild nach oben liegen.
- Sieh dir jetzt noch einmal den kleinen Stoß mit den 13 Karten an. Wenn bei 4 Karten das Bild nach oben zeigt, dann liegen (13 − 4) Karten mit dem Bild nach unten. Stimmt doch, oder?
- Wenn du den kleinen Stoß umdrehst – was bekommst du? Die 4 offenen Karten liegen mit dem Bild nach unten, die (13 − 4) mit dem Bild nach oben!
- Somit hast du am Ende (13 − 4) offene Karten in dem kleinen Stoß, also die gleiche Anzahl wie die (13 − 4) offenen Karten im großen Stoß.

Nimm einmal an, in dem kleinen Stoß lagen ursprünglich 7 Karten mit Bild nach oben. Oder 2 Karten. Oder 0 Karten. Da wäre es doch wirklich ziemlich lästig, die ganzen Rechenschritte immer wieder mit einer neuen Zahl aufschreiben zu müssen. Deshalb verwendet man in der Algebra einen Code.

Lass uns die Zahl der Karten, die mit dem Bild nach oben liegen, mit B abkürzen. (Du kannst auch jeden anderen Buchstaben nehmen, aber „B" kann man sich leicht merken, weil es für „Bild oben" steht.)

Dann listen wir die Schritte mal mit Hilfe der Algebra auf ...

- Heb 13 Karten vom Stoß ab, dreh sie mit dem Bild nach oben, schieb sie wieder unter und misch.
- Heb die obersten 13 Karten ab und sieh sie dir an. Ein paar Karten in diesem kleinen Stoß sind umgedreht. Wie viele?
- B Karten sind umgedreht. Das heißt also, dass in dem großen Stoß noch (13 – B) Karten mit dem Bild nach oben liegen.
- Sieh dir jetzt noch einmal ganz genau den kleinen Stoß mit den 13 Karten an. Wenn bei B Karten das Bild nach oben zeigt, dann liegen (13 – B) Karten mit dem Bild nach unten.
- Wenn du den kleinen Stoß umdrehst – was bekommst du? Die B offenen Karten liegen mit dem Bild nach unten, die (13 – B) mit dem Bild nach oben!
- Somit hast du am Ende (13 – B) offene Karten in dem kleinen Stoß, also die gleiche Anzahl wie die (13 – B) offenen Karten im großen Stoß.

Das große Geheimnis bei der Algebra ist, dass der Buchstabe die ganze Zeit für die gleiche Zahl steht. Wenn du also 3 Karten mit Bild nach oben hast, dann ersetzt du einfach jedes B durch eine 3 und rechnest es aus!

Wenn du dir den letzten Schritt noch einmal ansiehst, dann weißt du, dass im kleinen Stoß (13 – B) Karten und im großen Stoß (13 – B) Karten sind. (13 – B) steht beide Male für die gleiche Zahl, und so ist es egal, wie hoch B ist. (Stell dir vor, du hast in deinem kleinen Stoß *keine* umgedrehte Karte gefunden. B ist dann 0, und die Gleichung funktioniert noch immer!)

Bei der ersten Beschreibung des Zaubertricks haben wir gesagt, dass es nicht die 13 sein muss, sondern der Trick auch mit einer anderen „Zauberzahl" klappt. Die Algebra kann auch das beschreiben!

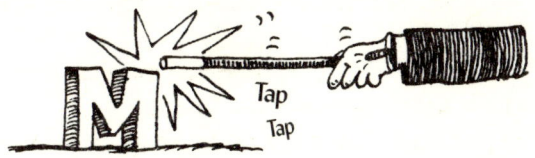

Nennen wir die Zauberzahl „M" wie Magie.
Nun lass uns die Schritte zum letzten Mal durchgehen.
- Heb M Karten vom Stoß ab, dreh sie mit dem Bild nach oben, schieb sie wieder unter und misch.
- Heb die obersten M Karten ab und sieh sie dir an. Ein paar Karten in diesem kleinen Stoß sind umgedreht. Wie viele?
- Nimm an, B Karten sind umgedreht. Das heißt, dass in dem großen Stoß noch (M – B) Karten mit dem Bild nach oben liegen.
- Sieh dir jetzt noch einmal den kleinen Stoß mit den M Karten an. Wenn bei B Karten das Bild nach oben zeigt, dann liegen (M – B) Karten mit dem Bild nach unten.
- Wenn du den kleinen Stoß umdrehst – was bekommst du? B offene Karten liegen mit dem Bild nach unten, (M – B) mit dem Bild nach oben!
- Somit hast du am Ende (M – B) offene Karten in dem kleinen Stoß, also die gleiche Anzahl wie (M – B) offene Karten im großen Stoß.
Da hast du's! Die Algebra beweist: Der Trick funktioniert immer. Wenn du diesen Wahnsinnstrick das nächste Mal ausprobierst, kannst du am Ende netterweise die Erklärung mitliefern. Schreib dir einfach die Anleitung ab und ersetz das „M" durch die gewählte Zauberzahl. Das „B" ersetzt du durch die Zahl der Karten, die in dem kleinen Stoß mit dem Bild nach oben liegen.

So wird dein Taschenrechner freundlich

Drücke folgende Tasten in *genau* dieser Reihenfolge:
2×2×2×2=×3×3×3×3=–2–3–2=
×2×3÷100÷100=
Dreh den Taschenrechner um und lies das Ergebnis!

Achtung - grosse Zahlen!

Hast du jemals so eine Meldung gehört …

Vielleicht erzählt dir auch jemand, dass der Mond 400 000 Kilometer von der Erde entfernt ist oder dass es 800 000 Insektenarten gibt.

Kommt dir das irgendwie faul vor? Ja – ist es nicht seltsam, dass es anscheinend immer runde hohe Zahlen sind? Warum?

Nun, wenn es um hohe Zahlen geht, dann gibt sich niemand die Mühe, ganz genau zu sein. Stell dir vor, die Nachrichtensprecherin sagt:

Noch ehe sie die Zahl ausgesprochen hätte, hättest du vergessen, worum es geht. Daher rundet man Zahlen gern auf oder ab.

Auf- und Abrunden, und wie Gloria versuchte, ihr Liebesleben zu retten

Stell dir vor, du hast 61 Verehrer(innen). Das sind ungefähr 60, oder? Du ersetzt einfach nur die letzte 1 durch eine 0.

Man nennt das „abrunden". Gewöhnlich rundest du bei einer Endziffer, die 5 oder höher ist, auf 10 *auf*, bei einer, die 4 oder niedriger ist, auf 0 *ab*.

Abrunden – die Liebesgeschichte

Es ist unglaublich, was Menschen tun, wenn sie verzweifelt, besessen und dramatisch verliebt sind. Dies ist die Geschichte von Gloria, aber im Grunde könnte Gloria auch dein mürrischer großer Bruder sein oder die alberne Frau, die du immer auf der Post triffst.

Gloria ist verzweifelt, weil der tollste Typ des gesamten Universums bei ihr vorbeikommen wollte und noch nicht aufgetaucht ist. Sie tut so, als ließe sie das kalt, und macht dabei die verrücktesten Sachen.

Sie hat sogar gerade eine Dose Erbsen aufgemacht und die Erbsen gezählt. Sie kam ganz exakt auf 1 928. Arme Gloria.

Plötzlich kommt ihr doofer kleiner Bruder herein. „Erbsen zählen", kichert er. „weil du versetzt wurdest? Wie viele sind es?"

Gloria will nicht zugeben, dass sie sie genau gezählt hat, und rundet die Zahl auf:

„Etwa 1 930", sagt sie.

Glorias Mutter schwebt aufgekratzt und gut gelaunt ins Zimmer.

„Zählst du Erbsen, Liebes?", fragt sie Gloria. „Das ist hübsch. Wie viele sind es?"

Gloria beginnt sich zu schämen, also braucht sie eine rundere Zahl, um zu zeigen, dass es ihr eigentlich egal ist, wie viele Erbsen es sind. „1 900", murmelt sie, „aber das ist nur eine Schätzung."

Diesmal hat sie die 8 vollkommen ignoriert und die 2 abgerundet.

Plötzlich klingelt es an der Tür Sturm. Herein kommt ihr Schwarm Mister Wunderbar. Er sieht einfach toll aus, wie immer. Sein Blick fällt sofort auf die Erbsen!

„Hallo, Liebster, wonnesüßer Schmatzischatz!", säuselt Gloria, die dunkelrot angelaufen ist, und bricht in hysterisches Kichern aus.

Ihr ist klar, dass es noch immer viel zu peinlich wäre zu wissen, dass 1 900 Erbsen in der Dose sind, also sagt sie sich, es sind 2 000. (Sie ignoriert die 2 und die 8 und rundet die 9 zu 10 auf).

„Hast du gerade die Erbsen in der Dose gezählt?", fragt

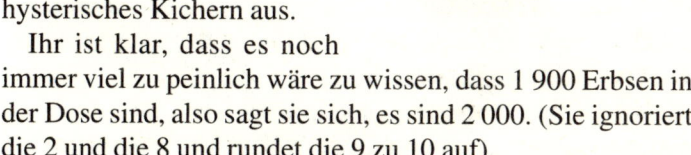

Mister Wunderbar, lächelt sein wundervolles Lächeln und zeigt auf die Dose.

Auuu! Megapeinlich! Gloria möchte nur noch sterben.

„Wie viele sind es denn?", fragt ihr Schwarm.

„Ziemlich viele", sagt sie mit einem leichten Gähnen und versucht, so cool wie möglich zu wirken.

Diesmal hat sie weder auf- noch abgerundet. Sie war einfach nur verzweifelt.

„Genauer schaffst du das nicht?", fragt Mister Wunderbar. „Ich hab mal 1 928 gezählt."

Zwei Dinge kannst du daraus lernen:
- Du kannst Zahlen nur ein bisschen oder sehr stark runden, je nachdem, wie genau du sein willst.
- Jeder macht mal so was Dämliches wie Erbsen zählen – kein Grund, sich zu schämen.

Also: Jetzt weißt du, was Glorias Liebesleben, Auf- und Abrunden und Erbsen miteinander zu tun haben. Und denk dran, *hier* hast du es erfahren!

Bedrohlich hohe Zahlen!

Manchmal erzählen dir Leute total interessante und wichtige Sachen, und du kannst sie dir einfach nicht merken! Zum Beispiel …

Die Durchschnittsentfernung zwischen dem Mond und der Erde beträgt 384 403 Kilometer.

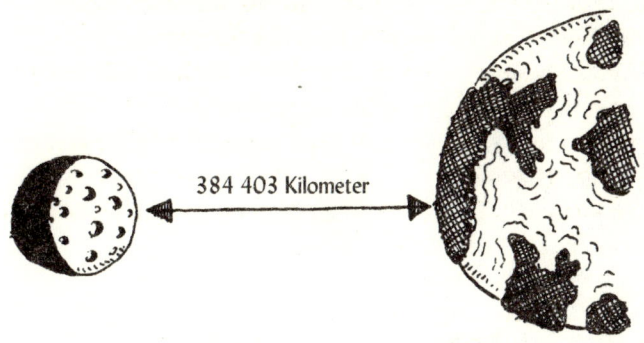

384 403 Kilometer

Siehst du? Die Zahl lässt sich leicht aus einem Buch able-sen, aber sie sich zu merken ist fast unmöglich! Damit es einfacher wird, können wir die Zahl runden. So könntest du die Entfernung zum Mond auf- oder abrunden:

384 000 Kilometer   Hier hast du auf *drei* Stellen abgerundet. (Nach den ersten drei Stellen stehen Nullen.)
Genauigkeit: 99,8 %

380 000 Kilometer   Hier wurde auf *zwei* Stellen abgerundet. (Wir geben nach den ersten beiden Stellen nur noch Nullen an.)
Genauigkeit: 98,8 %

400 000 Kilometer   Hier wurde auf *eine* Stelle aufgerundet. Das ist recht ungenau und wird nicht so oft gemacht!
Genauigkeit: 96,1 %

In diesem Fall kannst du dir ruhig die 400 000 Kilometer merken, weil die Genauigkeit mit über 96 % immer noch ganz ansehnlich ist.

Mit einer Prozentzahl (%) gibst du an, wie viele Teile von 100 erreicht werden. Geht es um Genauigkeit, dann sind 100 % perfekt, 90 % gerade noch akzeptabel und 50 % recht kümmerlich. Stell dir vor, du kaufst eine Schlange. Man sagt dir mit einer Genauigkeit von 50 %, ihre Länge betrage zwei Meter. Das heißt, sie kann zwischen einem und drei Meter lang sein! Ziemlich ungenau, oder?

Halt dich fest, jetzt geht's richtig los!

ACHTUNG
RIESIGE ZAHLEN
IM ANMARSCH

Kommen wir zu den *wirklich* hohen Zahlen! Was würdest du als hohe Zahl bezeichnen? Zehn? Hundert? Tausend? Wie wär's mit einer Million? Oder mit einer Million Millionen?

Wäre es nicht toll, eine Million Millionen Mark zu gewinnen? Das wäre zwar eine ziemlich hohe Zahl, aber du könntest sie noch immer in dein Sparbuch schreiben. So sähe es aus: 1 000 000 000 000 Mark. Und du sähest so aus:

Damit die Zahl besser lesbar ist, lassen wir von rechts alle drei Stellen einen kleinen Zwischenraum. Aber manchmal reicht das nicht …

Weißt du, wie viele Atome ein Wassertropfen enthält? Wenn du sie zählen würdest, kämst du auf 1 237 992 101 573 228 689 214.

Aaaahhh! Das pack ich nicht!

Als Erstes runden wir die Zahl auf …
1 240 000 000 000 000 000 000.
Puh! Das sieht schon besser aus, oder?
Trotz der Zwischenräume sind die vielen Nullen noch immer etwas verwirrend. Es gibt deshalb eine spezielle Schreibweise für wirklich große Zahlen.

1 Ignorier die Zwischenräume!
2 Schreib die ersten Ziffern, in diesem Fall 124. Nach der ersten Ziffer setzt du ein Komma: 1,24.
3 Zähl die Stellen der großen Zahl und zieh eine ab. In diesem Fall sind es 22 Stellen, also $22 - 1 = 21$.
4 Jetzt kannst du die große Zahl so ausdrücken: $1,24 \times 10^{21}$. (Siehst du, wo die 21 hinkommt?)
Na? Ist das nicht einfacher und klarer?

Warum bedeutet $1{,}24 \times 10^{21}$ das Gleiche wie 1 240 000 000 000 000 000 000? Wir haben die riesige Zahl in zwei Zahlen aufgeteilt. Wenn du schreibst 10^{21}, dann bedeutet das, die 10 wird 21-mal mit sich selbst malgenommen. Das entspricht einer 1 mit 21 Nullen.

$1{,}24 \times 10^{21}$ bedeutet 1,24-mal 1 000 000 000 000 000 000 000, und das entspricht 1 240 000 000 000 000 000 000.

Vielleicht musst du so eine Zahl auch einmal aufschlüsseln!

Stell dir vor, du liest, dass die Erde $4{,}65 \times 10^{9}$ Jahre alt ist.

Du findest heraus, was das heißt, wenn du die Gleichung ausrechnest – das geht ganz leicht! 10^{9} bedeutet nur eine 1 mit 9 Nullen, also bekommst du: $4{,}65 \times 1\,000\,000\,000$.

Am besten nimmt man eine Zahl wie 1 000 000 000 mal, indem man das Komma pro Null um eine Stelle nach rechts verschiebt. In diesem Fall haben wir 9 Nullen, also verrücken wir das Komma um *neun* Stellen. So geht's:

465 _ _ _ _ _ _, (Nach der 6 und der 5 stehen immer noch sieben Nullen, also wird das Komma um weitere sieben Stellen verschoben.)

Jetzt füllst du die Lücke nur noch mit Nullen auf und erhältst 4650000000. Wenn du Zwischenräume setzt, sieht die

Zahl ordentlicher und übersichtlicher aus. Nun weißt du, dass die Erde 4 650 000 000 Jahre alt ist.

Wusste ich's doch! Oma ist älter!

Kleine Taschenrechner und große Zahlen

Wenn dir dein Taschenrechner eine hohe Zahl anzeigen will, hat er wahrscheinlich ein Problem. Er kann so etwas wie $4,7 \times 10^{13}$ nicht anzeigen, weil er mit dem $\times$ und den hochgestellten Zahlen Schwierigkeiten hat. Stattdessen gibt er vielleicht 4,7 E 13 an. Die Zahl nach dem „E" sagt dir, um wie viele Stellen du das Komma verschieben musst. „E 43" bedeutet zum Beispiel „$\times 10^{43}$". Wenn du einen richtig schwachen Taschenrechner hast, dann zeigt er nur das E ohne Zahl an. In dem Fall steht E für *error* („Irrtum"): Die Zahl ist so hoch, dass dein Taschenrechner schlappmacht!

Zwergen-Zahlen!

Mit dem System für hohe Zahlen kann man auch ganz niedrige Zahlen ausdrücken.

Ein Wasserstoffatom wiegt $1,7 \times 10^{-24}$ Gramm. (Auf deinem Taschenrechner steht 1,7 E −24.) Himmel! Das sieht nach furchtbar viel aus! Doch dann entdeckst du das Minus vor der 24.

Um herauszufinden, wie das aussieht, machst du genau das Gleiche wie vorher beim Alter der Erde. Du schreibst 1,7 und verrückst dann das Komma. Doch weil es *minus* 24 heißt, schiebst du das Komma diesmal *in die andere Richtung*! So kriegst du raus, dass ein Wasserstoffatom 0,0000000000000000000000017 Gramm wiegt!

Du merkst schon, dass das winzige Minuszeichen hier das Wichtigste ist. Wenn du es weglassen und behaupten würdest, das Wasserstoffatom wiege $1{,}7 \times 10^{24}$ Gramm, dann wäre es schwerer als der Mount Everest!

So heißen die hohen Zahlen

Tausend   1 000

1 Million   1 000 000 (Das entspricht tausend mal tausend.) Übrigens: Um auf eine Million zu kommen, musst du eine Woche lang ununterbrochen zählen – allerdings darfst du dabei nicht einschlafen!

1 Milliarde   1 000 000 000. In Amerika ist *das* schon eine Billion, bei uns dagegen entspricht

1 Billion   1 000 000 000 000 oder einer Million Millionen. Die gute Nachricht: Ein deutscher Billionär ist 1 000-mal reicher als ein amerikanischer Billionär. Die schlechte: Es gibt keine deutschen Billionäre.

Wenn ein amerikanischer Billionär eine Billion Dollarscheine hätte, bräuchte sie oder er 30 Jahre, um sie alle zu zählen!

1 Trillion   Wieder tanzen die Amerikaner aus der Reihe! In Amerika entspricht das einer Million Millionen, also 1 000 000 000 000 (unserer Billion). Überall sonst auf der Welt sind das wirklich eine Million Millionen Millionen oder 1 000 000 000 000 000 000 (oder 10^{18}).

1 Zillion   Alberne Bezeichnung für eine unerhört hohe Zahl.

1 Squillion   Eine Zillion Zillionen und noch ein paar dazu.

1 Googol   Eine „1" mit 100 Nullen. Man kann das auch als 10^{100} aufschreiben.

1 Googolplex	Eine „1" mit Googol Nullen.
	Achtung! Wenn du diese Zahl ausschreiben willst, bittest du am besten alle Menschen dieser Erde, dir dabei zu helfen.
Unendlich	Ein Googolplex von Googolplexen kommt da sicher noch nicht heran. Unendlich ist sehr, sehr hoch. Immerhin gibt es ein besonderes Zeichen dafür: ∞

UND HIER NOCH EIN KOMMENTAR ZUR
UNENDLICHKEIT …

UAHHHH!

DIE SYMMETRIE UND DER IRRE IRRGARTEN

Hier ist ein Rätsel für dich:
Was haben diese Buchstaben …

A B C D E H I K M O T U V W X Y,

was diese nicht haben?

F G J L N P Q R S Z?

Damit du nicht bis ans Ende deiner Tage darüber grübelst, kommt hier die Antwort: Die Buchstaben oben sind achsensymmetrisch.

Wenn etwas achsensymmetrisch ist, dann bedeutet das, man kann eine Linie (Achse) mittendurch ziehen, und die eine Seite spiegelt exakt die andere wider.

Sieh dir das an: Hier erkennst du, dass die eine Hälfte des Buchstabens A eine Spiegelung der anderen ist.

Wenn du einen Spiegel auf die gestrichelte Linie stellst und hineinsiehst, erkennst du die Form des Buchstabens A. Wenn du das Blatt genau in der Mitte faltest, deckt sich die eine Hälfte des Buchstabens genau mit der anderen.

136

Wenn du wahnsinnig faul wärst, dann könntest du eine Hälfte des Buchstabens mit Wasserfarbe malen, das Papier einmal zusammenlegen und es wieder öffnen: Mit der abgefärbten Seite wäre der Buchstabe komplett!

„Halt mal!", rufst du empört. „Was ist mit dem Z? Man kann eine Linie in der Mitte ziehen, und die eine Hälfte spiegelt die andere wider …"
Mal sehen …

Nein! Die beiden Hälften spiegeln sich nicht, auch wenn sie einander gleichen.
Wenn du versuchtest, auf deine faule Art ein Z zu malen, indem du die eine Hälfte auf ein Blatt Papier malst, es faltest und wieder öffnest, dann bekommst du das hier:

Die meisten Dinge sind symmetrisch, auch fast alle Tiere. Dein Körper ist symmetrisch, es sei denn, an deiner einen Körperhälfte baumeln zwei Arme oder aus deinem linken Knie wächst eine Ersatznase. Oder du hast eine echt schräge Frisur.

Ein paar UNsymmetrische Tiere …

Bei **Eulen** ist häufig das eine Ohr länger als das andere. So können sie Tiere, die blind durch die Dunkelheit irren, besser aufspüren. Eine Symmetrieachse ist aber nirgends zu finden.

Plattfische wie Flunder oder Scholle schwimmen häufig auf der Seite. Dabei zeigt immer die gleiche Seite nach unten. Das Auge, das eigentlich unten liegen müsste, ist nach und nach zu dem anderen Auge nach oben gerückt. Damit ist ein Plattfisch alles andere als symmetrisch.

Krabben haben manchmal verschieden große Scheren. Das sieht zwar ganz lustig aus, aber symmetrisch, liebe Frau Krabbe sind sie dadurch natürlich nicht.

Einige Dinge haben mehr als eine „Symmetrieachse". Sieh dir mal den Buchstaben „X" an. Du kannst ihn mit *vier* verschiedenen Symmetrieachsen zeichnen!

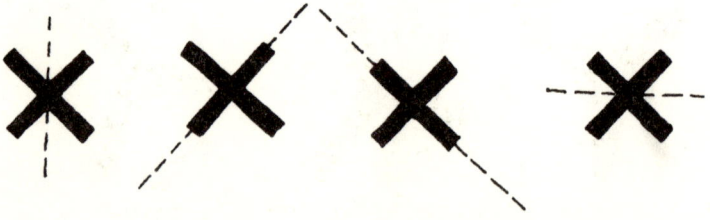

Du denkst, jetzt weißt du alles über Symmetrie? Na gut, wie ist es dann hiermit …

Was haben diese Buchstaben …

H I N O S X Z,

das diese nicht haben?

A B C D E F G J K L M P Q R T U V W?

Die oberen Buchstaben sind *punktsymmetrisch*! Das bedeutet, wenn du sie drehst, kannst du sie wieder deckungsgleich
auf sich selbst legen. Wie das geht? Das siehst du am besten,
wenn du dieses Buch auf den Kopf stellst.

Siehst du, dass die punktsymmetrischen Buchstaben noch
immer gleich aussehen?

Die meisten Buchstaben sind nur in zwei Positionen punktsymmetrisch. Hast du aber gemerkt, dass in der Liste oben
ein Buchstabe fehlt? Ja, das „Y" haben wir weggelassen,
weil da etwas ganz Besonderes ist. Normalerweise ist das Y
überhaupt nicht punktsymmetrisch. Doch wenn beim Y die
Arme gleich lang und die Winkel zwischen den Armen
gleich groß sind, dann ist es sogar in drei Positionen punktsymmetrisch!

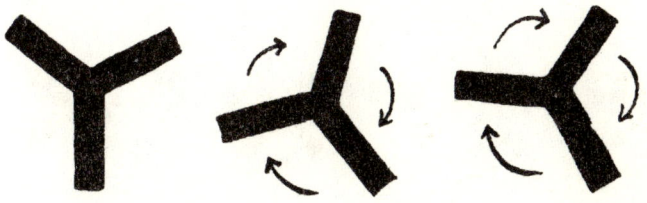

Du hast sicher bemerkt, dass die Buchstaben H, I, O und
X sowohl punkt- als auch achsensymmetrisch sind.

In wie vielen Positionen ist ein Kreuz wie der Buchstabe „X" punktsymmetrisch? In wie vielen ein Kreis wie der Buchstabe „O"?

Hilfe! Es sieht ganz danach aus, als ob du noch gerade rechtzeitig alles über die Symmetrie erfahren hast, denn aus heiterem Himmel packt dich Professor Boshaft und wirft dich in …

Den irren Irrgarten

Warg, der widerwärtige Wärter, lässt dich nur wieder raus, wenn du ihm den Zauberspruch aufsagen kannst. Starte an der Tür und arbeite dich durch den Irrgarten hindurch. Schreib dabei einen Buchstaben nach dem anderen auf.

Regeln:

1. An einer Kreuzung mit einem *punktsymmetrischen* Zeichen gehst du nach *links*.
2. An einer Kreuzung mit einem *achsensymmetrischen* Zeichen gehst du nach *rechts*.
3. An einer Kreuzung mit einem *punkt- und achsensymmetrischen* Zeichen machst du *kehrt*.
4. An einer Kreuzung mit einem *unsymmetrischen* Zeichen gehst du *geradeaus*.
5. Wenn du zur Tür zurückkommst, kennst du die Zauberformel. Sag sie Warg recht freundlich auf!

Tür

(Tipp:
Die ersten beiden
Buchstaben sind
„D" und „U")

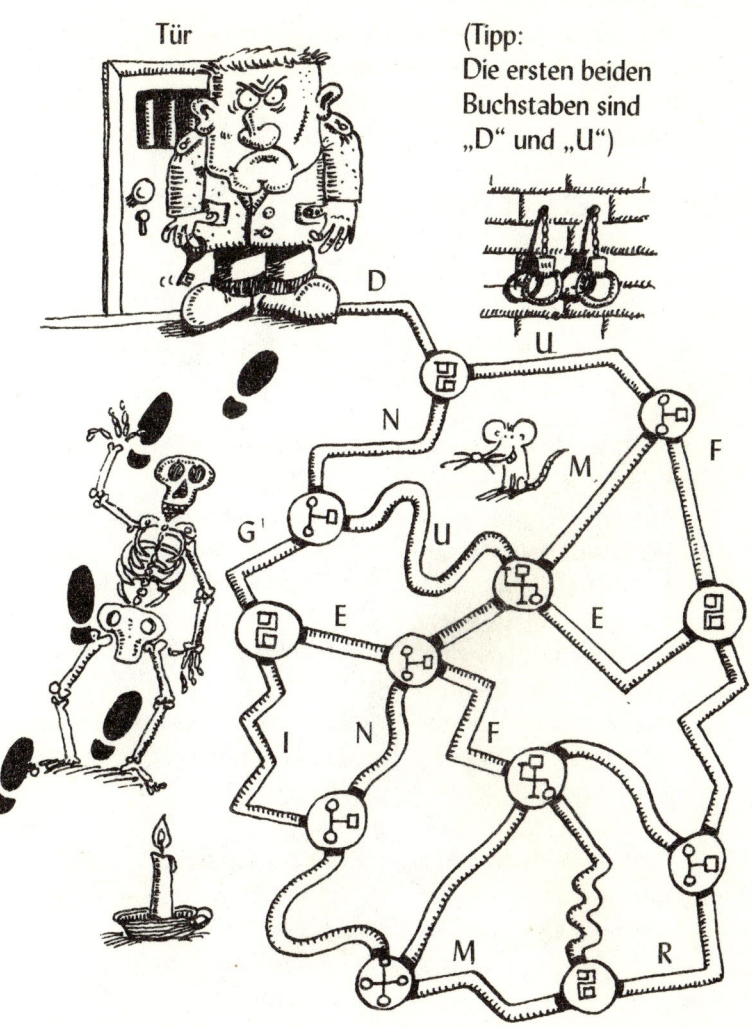

D

U

N

M

F

G

U

E

F

E

I

N

F

M

R

141

Die Abrechnung

„Oh mein Held!“, rief die Prinzessin, als Thag mit ihr die Leiter hinabgeklettert war.

Mein Held!

„Ich gebe zu: Der Oberst bezahlt mich dafür“, räumte Thag ein.

„Nun, das kann er sich leisten, denn mein Vater hat 1 000 Mark Belohnung ausgesetzt!“, sagte die Prinzessin.

„Stimmt das, Oberst? Ojemine!“, kicherte Thag.

„Was ist denn?“, fragte der Oberst.

„Sie können sich meine Hilfe nicht leisten!“

„Aber Sie waren sehr billig! Wenn ich eine Mark, dann zwei Mark und so weiter hätte zahlen müssen, dann hätte die 17. Zahlung bei 17 Mark gelegen. Ich möchte nicht wissen, auf welche Summe ich da gekommen wäre.“

„153 Mark“, sagte die Prinzessin.

Als sie sich umdrehte, sah sie, dass Thag sie entzückt anstarrte.

„Ist irgendwas, mein Held?“, fragte sie.

„Ich liebe Frauen, die mit Zahlen umgehen können“, stammelte er.

„Nun, da bin ich aber froh, dass ich Ihnen nicht 153 Mark zahlen muss“, sagte der Oberst.

„Wie viel schuldet er Ihnen denn?“, fragte die Prinzessin.

„Einen Pfennig für die erste Hilfe, zwei für die zweite, vier für die dritte und so weiter, immer doppelt so viel", sagte Thag.

„Pfennige!", spottete der Oberst.

„Sie sagten, es handelt sich um 17 Zahlungen?", fragte die Prinzessin.

„Ja", erwiderte Thag.

„Junge!" Die Prinzessin war sichtlich beeindruckt. „Sie sind ein ausgekochter Zahlenzauberer!"

„Seien Sie nicht zu beeindruckt", sagte der Oberst. „Er hat es abgelehnt, statt der 17. Rate 50 Mark anzunehmen! Können Sie das glauben?"

„Ja, das glaube ich!" Die Prinzessin rang nach Luft und sah Thag an. „Weiß der Oberst, wie hoch die 17. Zahlung ist?"

„Noch nicht", gab Thag zu.

Der Oberst wirkte besorgt. „Es sind doch nur Pfennige, oder?", sagte er.

„Ja, 65 536 Pfennige", sagte die Prinzessin.

„Fünfundsechzigtausend ...", begann der Oberst.

„Oder, wenn es Ihnen lieber ist, 655 Mark und 36 Pfennige", sagte Thag.

„Und das ist nur die 17. Rate", sagte die Prinzessin.

„Wie ... wie viel macht das insgesamt?", fragte der Oberst.

„1 310 Mark", sagte die Prinzessin.

„Und 71 Pfennige", sagte Thag.

„Junge, Junge", sagte die Prinzessin bewundernd. „Das liebe ich an einem Mann: Köpfchen und Kleingeld."

Einige Wochen später standen die wackeren Vektorkrieger Spalier für Thag und die neue Frau Prinzessin Thag, die im Konfettiregen an ihnen vorüberschritten.

„Hurra!", jubelten die Krieger.

„Ich nehme an, ihr kommt alle zur Hochzeitsfeier", sagte Thag.

„Wir haben riesige Mengen kalte Würstchen für euch", meinte die Prinzessin. „728, um genau zu sein."

„Hurra, hurra!", jubelten die Krieger.

„Wie viele Würstchen sind das für jeden?", fragte der Oberst.

„Fragen Sie mich?", lachte Thag. „Das kostet noch eine Rate."

Der Oberst wurde blass. „Vielleicht esse ich lieber ein Stück Torte", sagte er.